집 밖을 나서면 보이는 식물 02

꼬리에 꼬리를 무는 나무 이야기

집 밖을 나서면 보이는 식물 02

꼬리에 꼬리를 무는 나무 이야기

초판 3쇄 발행일 2021년 7월 11일
초판 1쇄 발행일 2018년 4월 13일

지은이 유기억
펴낸이 이원중

펴낸곳 지성사 출판등록일 1993년 12월 9일 등록번호 제10-916호
주소 (03458) 서울시 은평구 진흥로 68 2층(북측)
전화 (02) 335-5494 팩스 (02) 335-5496
홈페이지 www.jisungsa.co.kr 이메일 jisungsa@hanmail.net

ISBN 978-89-7889-392-3 (04480)
978-89-7889-390-9 (세트)

잘못된 책은 바꾸어 드립니다. 책값은 뒤표지에 있습니다.

이 도서의 국립중앙도서관 출판예정도서목록(CIP)은 서지정보유통지원시스템 홈페이지(http://seoji.nl.go.kr)와 국가자료공동목록시스템(http://www.nl.go.kr/kolisnet)에서 이용하실 수 있습니다. (CIP제어번호: CIP2018010369)

꼬리에 꼬리를 무는 나무 이야기

지성사

들어가는 글

지루했던 겨울이 지나고 나면 이곳저곳에서 새로운 봄 풍경을 보여주느라 부산하다. 마치 약속이라도 한 듯 뾰족하게 올라오는 새순이며, 나무의 눈은 알에서 바로 깨어난 병아리처럼 신기하기만 하다. 이윽고 새싹이 자라 잎이나 꽃의 모습을 제대로 갖출 때가 되면 당연한 나무의 모습으로 인식하기에 그 신기함이 줄어든다.

이쯤이면 앞산의 모습도 하루가 다르게 싱그러운 푸른빛으로 바뀐다. 모두 시간에 따른 자연의 변화다. 이런 모습은 우리가 살고 있는 아파트나 산책길에 심어져 있는 많은 나무에서도 똑같이 일어난다. 이 중에는 우리가 몇 년 동안 꾸준히 만났던 친근한 식물이 있는가 하면, 전혀 새로운 종류의 식물도 있다. 올해는 어떻게 바뀌었을지 은근하게 기대가 된다. 더불어 새로운 식물을 공부할 기회도 얻은 셈이다.

이렇게 우리 주변에 심어져 있거나 절로 나서 자라는 나무들은 어떤 특징을 가지고 있을까를 생각하다가 이 나무들에 대한 정보를 정리해 책으로 엮어보기로 했다. 진달래나 철쭉이 주인공일 때에는 술술 풀렸지만, 새로 심어진 외래종이 떡하니 버틸 때에는 이름을 알아내기까지 여간 곤혹스러운 작업이 아니었다. 또 산 속에 있어야 할 소나무가 길 한복판에 자리 잡고 있는 모습은 전혀 예상하지 못했기에 당황스러웠고, 가로수로 멋

있게 자라던 회화나무를 하루아침에 송두리째 뽑아버리고 그 자리에 심은 이팝나무를 보며 황당해하기도 했다. 그래도 최근 들여온 외래 수종을 심지 않은 것만 해도 다행이라고 생각한다.

이 책에서 다룬, 집 밖을 나서면 만날 수 있는 나무 45종류의 특징과 유래, 학명의 의미, 그리고 비슷한 종류와의 비교로 꼬리물기식 전개에서 연속성을 강조했으며, 되도록 편안하게 읽을 수 있게 많은 정보를 담아 구성했다. 또 독자들이 식물들을 이해하기 쉽게 본문에 등장하는 식물들의 사진을 넣어 소개했으며, 이를 헤아려보니 520장이나 된다.

필자가 사는 곳이 강원도라 전국을 다니며 일일이 조사하지는 못했어도 식물의 분포가 뚜렷이 구분되는 남쪽을 제외하면 어지간한 지역에서 볼 수 있는 종들은 대부분 이 책에 담았다고 생각한다. 대신 우리나라 어디든 집 밖을 나서면 만날 수 있는 식물에 대한 정보를 정리하는 것은 앞으로의 숙제로 남겨놓는다.

책이 출판되기까지 나의 가족은 집 밖을 함께 걸으며 나무에 대한 이야기를 하고 새로운 정보에 대해 많은 의견을 나눈 든든한 동반자였다. 또 식물분류학 연구실 출신 연구원들도 큰 힘을 실어주었다. 사진 한 장을 더 얻으려고 남쪽의 먼 길을 달려갔던 일, 그리고 자신의 소중한 사진을 찾아

기꺼이 기증해준 일 등은 이 책의 완성도를 높이는 데 큰 기여를 했다고 생각한다.

끝으로 이 책이 일상생활에 조금이나마 활력을 줄 수 있는 의미 있는 정보로 가득한 창고로 활용되길 기원하며, 책이 나오기까지 애써주신 지성사 이원중 사장님과 직원들께 감사의 말을 전한다.

3월의 어느 길목에서

유기억

이 책의 식물은 되도록 집 근처나 산책로 주변에서 만날 수 있는 아주 흔한 종류만을 대상으로 하였다. 본문의 내용은 주인공 식물을 처음 만날 때의 느낌, 어릴 때부터 열매를 맺기까지의 모습, 비슷한 종류와의 구별, 이름에 대한 설명, 쓰임새 등을 중심으로 하였다.

*** 용어 풀이**

골돌(蓇葖, follicle): 박주가리처럼 암술 하나로 구성되며 봉합선을 따라 열리는 열매

구과(毬果, cone): 소나무, 측백나무처럼 마치 기왓장같이 포개져 있는 실편(實片)이라는 열매 조각으로 씨가 덮여 있는 구조

기판(旗瓣, vexillum): 콩과 식물 꽃의 윗부분에 있는 가장 큰 꽃잎

꽃차례(花序, inflorescence): 꽃이 꽃줄기에 달리는 순서로, 한자어는 '화서'

내종피(內種皮, tegmen): 종자의 속껍질로, 은행 열매에서 딱딱한 껍질을 벗겨내면 먹는 부분을 감싸고 있는 얇은 갈색 막

단성화(單性花, unisexual flower): 꽃의 필수 기관인 수술과 암술을 모두 갖추지 않고 한 가지만으로 이루어진 꽃

단엽(單葉, simple leaf): 하나의 잎몸으로 만들어진 잎

단주화(短柱花, thrum): 꽃의 구성 요소 중 수술대가 길고 암술대가 짧은 꽃

무성화(無性花, neutral flower): 생식 능력이 없는 꽃으로 중성화라고도 함

물관(xylem): 뿌리에서 흡수한 물과 무기물이 이동하는 통로

미상화서(尾狀花序, catkin): 호두나무나 밤나무의 수꽃처럼 긴 축에 많은 꽃이 달려 꼬리 모양을 이루는 꽃차례

밑씨(ovule): 암술에서 수정하기 전의 어린 종자. 1~2층의 주피라 불리는 껍질로 둘러싸여 있으며, 배주(胚珠)라고도 함

복엽(複葉, compound leaf): 잎몸 하나가 갈라져 2장 이상의 작은 잎(소엽)으로 이루어진 잎. 겹잎

복총상화서(複總狀花序, compound raceme): 길이가 비슷한 총상꽃차례 여러 개가 함께 모여 나는 구조

분과(分果, mericarp): 씨를 완전히 감싸고 있는 단위로, 씨방에서 기원하지만 서로 분리되어 있는 열매의 구성 요소

삭과(蒴果, capsule): 합쳐진 심피의 씨방이 익은 열매 형태로, 열매가 익으면 껍질이 벌어져 씨가 드러남

산방화서(繖房花序, corymb): 꽃줄기 끝이 거의 같은 높이로 자라고, 꽃이 가운데 쪽을 향해 피어 들어가는 꽃차례

산형화서(傘形花序, umbel): 길이가 거의 같은 꽃자루들이 동일한 지점에서 우산 모양을 이루는 꽃차례

선점(腺點, gland): 분비샘이라고도 하며 향기나 냄새를 분비하는 기능을 가진 기관

선모(腺毛, glandular trichome): 끝에 분비샘이 발달하여 둥글게 변형된 돌기가 있는 털. 샘털

성상모(星狀毛, stellate trichome): 여러 갈래로 갈라진 별 모양의 털

소엽(小葉, leaflet): 복엽을 구성하는 각각의 작은 잎

수과(瘦果, achene): 익어도 열리지 않고, 껍질은 가죽이나 나무처럼 질기며 안쪽에 씨가 하나만 들어 있는 열매 형태

수꽃(雄花, staminate): 수술만 있는 꽃

수면운동(睡眠運動, nyctinasty): 밤낮의 빛이나 온도 같은 외부 자극으로 일어나는 잎이나 꽃잎 등의 운동에 의한 위치 변화 현상

수상화서(穗狀花序, spike): 길고 가느다란 꽃대에 작은 꽃자루가 없는 꽃이 다닥다닥 붙어 있는 꽃차례. 보리나 질경이가 좋은 예

수술(雄蕊, stamen): 꽃잎 바로 안쪽에 위치하며 꽃가루가 들어 있는 꽃밥주머니와 꽃밥자루로 이루어진 수술군의 구성 요소

시과(翅果, samara): 단풍나무속 식물처럼 씨앗에 날개 같은 부속물이 달려 있는 열매 형태

씨방(子房, ovary): 꽃에서 수정하기 전 어린 종자인 배주를 포함하는 암술의 구성 요소

실편(實片, valve): 침엽수의 열매인 구과를 만드는 비늘 모양의 조각

암꽃(雌花, pistillate): 암술만 있는 꽃

암술(雌蕊, pistil): 씨방, 1개 이상의 암술대, 그리고 1개 이상의 암술머리로 이루어진 암술군의 구성 요소

양성화(兩性花, bisexual flower): 꽃의 필수 기관인 수술과 암술을 모두 가지고 있는 꽃

엽초(葉鞘, sheath): 잎의 밑부분에서 줄기를 둘러싸고 있는 부분. 잎집

엽침(葉枕, pulvinus): 잎자루 또는 작은 잎자루의 아래쪽이 부풀어 있는 부분. 식물의 운동과 관련 있음

외종피(外內皮, testa): 종자의 가장 바깥 껍질, 은행의 경우 냄새 나는 부분

용골판(龍骨瓣, keel): 콩과 식물 나비형 꽃 구조에서 가장 아랫부분에 있는 2장의 꽃잎

원추화서(圓錐花序, panicle): 꽃자루가 작은 꽃들이 여러 개로 갈라진 가지에 달리는 무한꽃차례의 한 종류

유성화(有性花, sexual flower): 꽃에 암술과 수술이 모두 있거나 둘 중 어느 것 하나라도 갖춰 생식이 가능한 꽃

이과(梨果, pome): 배나 사과 열매처럼 열매 안쪽은 씨방이 변한 것이고, 씨방을 둘러싼 육질 부분은 화탁(꽃받기)이 변한 열매

이화주성(二花柱性, distyly): 꽃 형태가 두 종류로 이루어질 때 나타나는 자웅 분리 수정 현상으로 장주화와 단주화가 달림

익판(翼瓣, alate): 콩과 식물의 나비 모양 꽃에서 양쪽 측면에 있는 3장의 꽃잎, 기판과 용골판 사이에 위치

장과(漿果, berry): 포도, 꽈리처럼 수분이 많은 다육질의 가운데 껍질 속에 씨가 들어 있는 열매

장주화(長柱花, pin): 꽃의 구성 요소 중 수술대가 짧고 암술대가 긴 꽃

종의(種衣, aril): 씨를 보호하기 위해 둘러싸고 있는 껍질처럼 보이는 다육질 부속물로, 주목의 열매가 대표적임

주맥(主脈, mid vein): 잎몸 가운데로 뻗는 유관속이 가장 큰 맥

차상맥(叉狀脈, dichotomous): 잎의 끝부분으로 가면서 계속 같은 크기와 방향으로 둘로 갈라지는 맥. 은행나무가 대표적임

총상화서(總狀花序. raceme): 등나무나 벼처럼 긴 꽃대에 꽃자루가 작은 꽃들이 달리지만 가지를 치지 않는 꽃차례

총포(總苞, involucre): 꽃이나 꽃줄기를 받치고 있는 잎 모양의 보호조직

취과(聚果, aggregate fruit): 하나의 꽃 안에서 2개 이상의 씨방이 익은 열매. 집합과라 부르기도 하

며 산딸기의 열매가 대표적임

취산화서(聚繖花序, cyme): 꽃줄기의 가장 가운데에 있는 꽃이 먼저 핀 다음 주변의 꽃들이 피는 꽃차례

측판(側瓣, lateral petal): 제비꽃을 구성하는 5장의 꽃잎 중 4시와 8시 방향으로 비스듬히 나 있는 꽃잎. 옆 꽃잎이라고도 함

턱잎(托葉, stipule): 잎자루 기부 양쪽에 쌍으로 달려 있는 잎 모양의 구조로, 엽침이나 선점으로 변형되기도 함

팽압운동(膨壓運動, turgor movement): 식물의 운동기관인 엽침과 그 밖의 운동 부위에서 운동 세포의 팽압 변화로 일어나는 운동

포(苞, bract): 변형되어 퇴화된 잎으로, 속씨식물에서는 꽃이나 꽃줄기 주변에 존재

핵과(核果, drupe): 벚나무나 호두나무처럼 가장 안쪽의 열매 껍질은 단단한 구조로 되어 있고 가운데는 다육질이며 겉은 얇은 막처럼 되어 있는 열매

흡착근(吸着根, adhesive root): 담쟁이덩굴처럼 다른 물체에 잘 달라붙는 구조를 가진 뿌리

차
례

나무는 외롭다. 추위와 더위를 이겨내야 하고, 나뭇잎이 나고 떨어지는 일상의 고달픈 반복 속에서 바람과 힘든 사투를 벌여야 하기 때문이다. 잘 자란 나무 밑에는 그늘이 있다. 때로는 맛있는 먹거리를 제공하기도 한다. 한 그루 한 그루가 모두 소중한 이유다.

중학교 때 식목일에 심었던 30센티미터 정도의 작은 나무가 아름드리로 자라서 나를 반길 때마다 함께 나무를 심었던 옛 친구들이 생각나고, 마을 한가운데 버티고 있는 커다란 느티나무를 보면 손잡고 함께 그네를 타며 놀았던 짝이 그리워진다. 외롭지만 나무가 주는 추억에 감사할 따름이다.

집 밖을 나가보자. 아파트나 집 주변에 절로 나서 자라거나 심어져 있는 나무들이 반겨준다. 모양도 색깔도 제각각이지만 한 번쯤은 봐주기를 기대하는 눈치를 보이며 흔들흔들 자신의 존재를 알리고 있다. 저만치 우뚝 솟은 전봇대 모양의 메타세쿼이아가 눈에 들어온다.

1

드라마로 유명해진 화석식물 메타세쿼이아

부부가 함께 추억이 있는 장소로 여행을 하거나 드라이브를 할 수 있는 여유가 있었으면 좋겠다. 야외 조사 외에는 다른 곳을 방문하거나 여행하는 것을 별로 좋아하지 않는 우리 부부는, 아내 말로는 초월했다고는 하지만 이런 부분에 대해서는 은근히 아쉬움이 있는 모양이다. 그래서 무작정 떠나보자고, 목적지도 없이 남쪽으로 출발한 적이 있다. 사는 곳이 서울 이북 쪽이니 남도나 서해안 쪽으로는 큰마음 먹고 가야 한다. 중앙고속도로가 가까우니 그 길로 남쪽 방향을 선택했고, 행선지는 차에서 아내가 검색하여 가고 싶은 곳을 결정하기로 했다.

한참을 가다가 결정한 곳은 바로 전남 담양의 '죽녹원'이었다. 대나무라고는 경포대의 '오죽'을 본 것이 전부인데 산 전체가 대나무라니, 감격스러웠다. 비는 내리고, 다음 행선지를 정하려는데 그곳 안내원이 좋은 곳을 추천해도 되겠냐고 묻기에 흔쾌히 수락했더니, 바로 '메타세쿼이아 길'을 알려주었다. 오래 사는 나무로 유명한 것은 알고 있었지만, 관광객들을 위한 길까지 만들어져 있다니 놀라웠다.

죽녹원의 대나무숲

죽녹원에서 그곳으로 가는 주변 길은 대부분 메타세쿼이아가 주인공이었고, 너무 크게 자라 2차선 도로를 덮어버릴 것 같은 위압감마저 느껴질 정도로 웅장했다. 서울 근처에서는 주로 학교 안 정원수로 몇 그루씩만 보다가 이토록 많은 개체들을 만나니까 그동안 가꾸고 노력한 이들이 존경스러웠고, 전국에서 가장 아름다운 길로 선정된 것은 당연한 결과가 아닌가 생각했다.

메타세쿼이아는 마지막 빙하기 이후에 사라져 화석으로만 알려진 나무였으나 1940년대 중국의 후베이성[湖北省]과 쓰촨성[四川省]의 경계에 놓여 있는 양쯔강[揚子江]의 지류인 모다오시[磨刀溪]의 산지에서 집단 군락지가 발견되면서 살아 있음이 확인되었다. 미국에서 이 나무를 개량하여 추위와 공해에 강한 가로수로 만들어 퍼뜨렸다고 한다. 우리나라에서는 포항에서 화석이 발견되기도 했으며, 전국에 가로수나 정원수로 인기 높은 나무이다. 미국 캘리포니아 '세쿼이아' 국립공원에는 살아 있는 나무 가운데 전 세계에서 가장 키가 큰 115.7미터의 '레드우드', 즉 아메리칸삼나무가 살고 있다. 또 이 나무와 사촌간인 제너럴 셔먼(General Sherman)이라 불리는 세쿼이아 종류 *Sequoiadendron giganteum*도 살고 있는데, 전체 부피는 올림픽 경기가 열리는 수영장의 절반보다 약간 더 큰 1487세제곱미

세쿼이아 종류인 제너럴 셔먼

터나 되고, 키는 83.8미터에 달한다고 한다.

메타세쿼이아의 줄기는 연한 갈색이며, 세로로 껍질이 벗겨지고 가지가 옆으로 많이 퍼진다. 잎은 선형(잎몸이 길고 매우 가늘며, 거의 가장자리가 나란한 모양)으로 빗처럼 배열되어 끝이 갑자기 뾰족해지고, 가을이 되면 붉은색으로 변한다. 꽃은 암꽃과 수꽃이 따로 피며, 암꽃은 가지 끝에 달리고 3월에 피지만, 수꽃은 잎겨드랑이 가지 끝에 총상꽃차례[總狀花序]로 달려 아래로 길게 늘어진다. 열매는 작은 솔방울 같은 구과(毬果)로 둥글며, 안

1 메타세쿼이아 (© 지성사) 2 메타세쿼이아 줄기 3 메타세쿼이아 잎
4 메타세쿼이아 수꽃 5 메타세쿼이아 수꽃 6 메타세쿼이아 열매

쪽에 날개가 달린 타원형의 씨가 들어 있다.

메타세쿼이아의 학명은 *Metasequoia glyptostroboides*로, 속명 *Metasequoia*은 '나중'이란 의미의 meta와 *Sequoia*속의 합성어, 종소명 *glyptostroboides*는 Chinese swamp cypress라 불리는 *Glyptostrobus*속 식물과 비슷하다는 의미로 붙인 듯하다. 메타세쿼이아라는 속명을 그대로 가져와 우리 이름으로 한 것은 다소 아쉬움이 있다. 특히 외래종에 우리 이름을 붙일 때는 모양이나 색깔 등 특징에 맞게 우리말로 예쁜 이름을 지었으면 좋겠다.

우리나라에서 자라는 메타세쿼이아속(屬)에는 메타세쿼이아 1종만이 조경수나 가로수로 심고 있으며, 지방에서는 '수삼나무' 또는 '메타세쿼이아'라고 부른다. 수삼나무의 뜻은 물가에서 잘 자라는 삼나무라는 의미이다. 삼나무는 일본이 원산지이며, 우리나라 제주도 등 남쪽지역에 주로 심어 방풍림 역할을 하는 큰키나무로, 메타세쿼이아와 같은 과에 속하기는 해도 삼나무는 삼나무속(*Cryptomeria*)이다.

메타세쿼이아 길은 강원도의 남이섬도 유명하다. 드라마로 유명세를 탄 장소인데 항상 찾는 사람들로 북적인다고 한다. 이러다가 우리나라 가로수가 모두 이 나무로 바뀌는 것은 아닌지 걱정도 되지만, 그만큼 멋과 아름다움이 있다는 의미도 되니 메타세쿼이아로서는 큰 박수로 환영하지 않을까 싶다. 그래도 마음 한구석에 우리 식물이 아니라는 섭섭함이 없어지지 않는다. 주변 화단 근처로 잘 정돈된 회양목이 보인다.

삼나무 줄기

삼나무 횡단면

삼나무 꽃, 열매

2

이른 봄의 향기를 전해주는 나무 회양목

이른 봄 향긋한 꽃향기를 느낄 수 있다면 아마 후각이 뛰어난 사람일 것이다. 주변에는 아직 이렇다 할 식물의 모습이 보이지 않는데도 마치 향수를 뿌려놓은 것 같은 은은한 향이 있다. 꽃잎이 있다면 훨씬 더 봄 식물로 인정받았을 회양목의 꽃에서 풍겨 나오는 향이다. 두툼한 잎 주변의 작은 가지 마디 사이 또는 가지 끝에 겨울을 보낸 원두커피 크기만 하게 뾰족이 올라온 수꽃과 암꽃이 옹기종기 함께 모여 있다. 그 향기에 일찍 겨울잠에서 깨어난 벌들이 꿀을 따러 모여든다. 한 마리가 아닌 여러 마리가 봄을 재촉하듯 바쁘게 움직인다.

도장나무라 불리기도 하는 회양목은 조경수로 더 잘 알려져 있다. 조경수는 기본적으로 나무 모양이 아름답고 옮겨 심어도 활착(活着, 뿌리내림)이 잘 되어야 하며, 기상이나 병충해에 강하고 번식이 잘 되며 시장성이 높은 종류여야 한다. 조경수로는 흔하게 볼 수 있는 주목, 쥐똥나무, 단풍나무

회양목

등 다양한 종류가 있다.

회양목도 이 중 하나이지만, 야생에서는 석회암 지대를 대표하는 식물이다. 강원도 영월, 충청북도 단양, 제천 등 우리나라의 대표적인 석회암 지대 산악지역에 가면 쉽게 만날 수 있기 때문이다. 우리나라에는 석회암 지대가 그리 많지 않지만 이 지역들에 가면 쉽게 보지 못하는 특이하게 생긴 식물들을 가끔 만날 수 있다. 석회암 지대는 특히 북방계의 고산성

조경수로 심은 회양목

동강할미꽃

희귀 및 특산 식물들이 낮은 지역에 많이 분포하며, 동강할미꽃처럼 고립된 지역에서 새로운 종 분화가 일어난 것, 또는 해안식물이 격리 분포하는 등 다양한 종류가 분포한다.

국립수목원 자료에 따르면, 우리나라에서 볼 수 있는 석회암 지대 식물은 120여 분류군이다. 고사리 종류로는 개부처손 · 부싯깃고사리 · 거미고사리 등 7종류, 겉씨식물에는 노간주나무와 측백나무, 외떡잎식물로는 방울비짜루 · 솔나리 · 동강고랭이 등 11종류, 그리고 백부자 · 꼭지연잎꿩의다리 · 개병풍 · 가침박달 · 복사앵도 · 참골담초 · 두메닥나무 · 넓은잎제비꽃 등 나머지 종류는 쌍떡잎식물에 포함되어 있다.

회양목은 야생에서 키가 평균 1~2미터로 자라며, 크게는 7미터까지도 자란다. 매년 봄이면 줄기가 가지치기되어 동그란 모양으로 줄지어서 화단을 에워싸는 집 근처의 개체들과는 차이가 있다. 이렇게 야생에서 잘 자란 회양목은 성장이 느린 반면, 재질이 균일하고 치밀하기에 튼실한 가지 한 줄기만으로도 도장 몇 개를 팔 수 있을 정도다.

타원형 잎은 두툼하고 가장자리는 밋밋하며, 아래는 흘러내려 짧은 잎자루가 된다. 꽃은 줄기 끝이나 잎겨드랑이에 나며, 암꽃과 수꽃은 몇 송이씩 한 군데 달리는데 가장 가운데 부분에 암꽃이 있다. 열매는 달걀 모양이며 갈색으로 익는다.

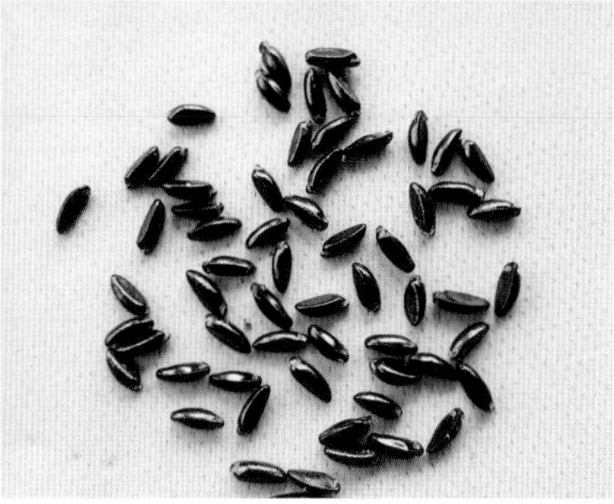

1 회양목 줄기
2 회양목 꽃 (© 지성사)
3 회양목 열매
4 회양목 씨

회양목의 학명은 *Buxus koreana*이다. 속명 *Buxus*는 '상자'를 뜻하는 라틴어 puxas에서 유래하였으며, 종소명 *koreana*는 한국에 분포한다는 뜻이다. 회양목이라는 우리 이름의 유래에 대해서는 명확하지 않다. 한방에서 회양목 종류의 씨와 뿌리를 황양목(黃楊木)이라 하는 데서 기원했다는 이야기도 있고, 석회암 지대가 잘 발달되어 있는 강원도 회양(淮陽)지역에서 많이 자라 붙였다는 의견도 있다.

우리나라에서 볼 수 있는 회양목속(屬) 식물에는 4종류가 있으며, 회양목과 형태적으로 비슷한 좀회양목은 작은 가지와 잎자루에 털이 있고 잎 가장자리가 뒤로 젖혀져 차이가 있다.

회양목은 지방에서 '도장나무', '회양나무', '고양나무'라 부르기도 하며,

목재가 조밀하고 단단해 도장뿐만 아니라 지팡이, 조각이나 악기의 재료, 장기 알 등으로 사용하기도 한다.

개나리나 목련 꽃이 피기 시작했다는 소식이 들릴 무렵이면 회양목은 이미 열매를 맺기 시작한다. 위쪽에 뿔처럼 뾰족하게 튀어나와 있는 열매의 모습은 일품이다. 어떤 침략자가 오더라도 버텨낼 수 있는 강인한 모습이다. 화단 안쪽에는 산수유가 있다.

노간주나무

솔나리

가침박달

개병풍

3

산속에서는 만날 수 없는 산수유

우리나라에는 지역 특성에 맞춰 여러 축제가 열리는데 대부분 많이 알려진 동식물 또는 의미 있는 자연 경관이 그 주인공이다. 산수유도 마찬가지다. 전국에 산수유 축제가 열리는 곳을 찾아보니 10곳이 넘는다. 도대체 이 나무가 어떤 의미를 가지고 있기에 이렇게 지자체마다 앞다투어 축제의 주인공으로 내세우는지 궁금하다.

산수유 사랑공원의 꽃 모형(전남 구례군)

산수유는 중국이 원산지로 우리나라에는 절로 나서 자라는 나무는 아니지만, 집 근처나 마을에 주로 약용식물로 심어 쉽게 접할 수 있어서인지 그리 낯설지 않다. 예로부터 열매를 주로 이용하였는데, 나무 한 그루에 열리는 열매가 생각보다 많아 겨울철 농한기의 수입

산수유

으로 가계에 많은 보탬이 되기도 했다.

산수유 축제는 꽃을 관광자원으로 활용하기에 주로 봄에 열린다. 봄이면 동그랗게 생긴 꽃눈에서 1센티미터가량의 작은 꽃줄기가 나와 부챗살처럼 배열되는 산형꽃차례[傘形花序]로 노란색 꽃이 달린다. 꽃이 모두 피면 마치 나무 전체를 온통 노란색 물감으로 색칠한 것처럼 보인다. 가까이에서 보는 것보다 멀리서 바라

산수유 꽃

1 산수유 줄기
2 산수유 잎
3 산수유 열매
4 산수유 열매(겨울)

보는 것이 더 아름답다. 춥고 삭막한 겨울을 지난 뒤 따뜻한 봄바람이 불 때쯤 집 근처에서 우리를 반기는 노란색 꽃과 은은한 향기는 마음속 감성을 이끌어내기에 충분한 소재요, 볼거리다.

꽃이 지면 맥이 뚜렷하게 보이는 4~5장의 잎이 등장한다. 물론 잎이 활짝 피면 꽃은 어디로 갔는지 자취를 감추지만, 잎 안쪽으로 밥풀처럼 생긴 작은 녹색 열매가 숨어 있다. 가을이면 붉은색으로 단풍이 든 잎은 이내 떨어져 버리지만, 밥풀만 하던 열매가 어느새 2센티미터나 되는 긴 타원형으로 자라나 또 다른 볼거리를 안겨준다.

앙상한 가지에 주렁주렁 매달려 있던 열매도 가을이 깊어질수록 녹색에서 붉은색으로 변해간다. 겨울의 신호인 서리가 몇 번 내리면 열매 껍질은 주름이 지고, 과육 부분의 수분이 증발되어 결국 씨에 껍질만 붙어 있는 것처럼 쭈글쭈글하다. 열매를 말려 씨를 빼낸 뒤 과육은 한약 재료로 사용한다.

산수유의 학명은 *Cornus officinalis*이다. 속명 *Cornus*는 '뿔'을 의미하는 라틴어 cornu에서 유래하였으며, 종소명 *officinalis*는 약효가 있다는 뜻이다. 실제로 한방에서는 과육을 강정제나 이뇨 작용 또는 혈압을 낮추는 데 사용하기도 한다.

산수유라는 우리 이름은 한자어 산수유(山茱萸)를 그대로 따왔다. 산수유는 층층나무속(屬)에 속한다. 우리나라에는 층층나무와 산딸나무 종류를 포함하여 7종류 정도가 자라며, 지방에서는 산수유를 '산수유나무' 또는 '산시유나무'라 부르기도 한다.

산에도 산수유가 있을까? 앞에서 설명한 것처럼 우리나라에서 볼 수 있는 산수유는 모두 재배하는 나무다. 따라서 산속에서 볼 수 있는 나무는 산수유처럼 꽃이 피고 생강향이 나는 '생강나무'다. 잎보다 꽃이 먼저 피고, 꽃 색깔도 노란색에, 꽃이 피는 시기도 비슷하여 착각을 일으키는 것이다.

생강나무는 녹나무과(Lauraceae)에 속하는 키 작은 나무로, 우리나라 모든 곳의 숲속 그늘이나 전석지(轉石地, 너덜지대로 돌들이 깔려 있는 산비탈)에서 자란다. 꽃은 짧은 꽃자루에 산형꽃차례로 달리고, 잎맥은 잎자루 끝에서 크게 3갈래로 나눠지며, 잎 끝이 3~5갈래로 얕게 갈라져 산수유와는 차이가 있다.

또 다른 숙제는 생강과 생강나무, 그리고 생강나무와 동백나무의 차이다. 생강은 열대 아시아 원산으로 생강과(Zingiberaceae)에 속하는 외떡잎식물로 초본이며 양념으로 사용하는 부분은 땅속 뿌리줄기[根莖]이다. 김유정의 소설 「동백꽃」에 나오는 '동백꽃'은 남쪽에서 자라는 차나무과(Theaceae)의 동백나무가 아니라, 우리나라 중부지방에서 자라는 동백기름과 비슷한 향을 가진 나무라는 뜻에서 이름 붙인 생강나무다. 산수유를 시작으로 생강나무, 생강 그리고 동백나무에 대한 의미를 비교해보았다. 이제는 산속의 생강나무가 산수유로 불리지 않기를 희망해본다. 근처에 흰색 꽃이 아름다운 백목련이 있다.

생강나무

생강나무 꽃

생강

동백나무

4

대부분 목련으로 잘못 부르는 백목련

봄에 피는 꽃 가운데 크기로 말하자면 단연 손가락에 꼽히는 나무가 있다. 답을 목련이라 한다면 모두 “그래”, “당연하지”라고 하겠지만, 정확히 말하자면 ‘백목련’이 정답이다. 우리나라에서 절로 나서 자라는 목련은 제주도에서만 볼 수 있으며, 그러다 보니 육지에서는 원예종으로밖에 감상할 수 없다. 백목련도 마찬가지로 중국에서 들여와 관상용으로 심고 있으며, 요즘 아파트 단지에 많이 심는 ‘별목련’이나 ‘자주목련’ 또한 개량해서 만든 종류이다. 이참에 비슷한 종류들을 모두 한꺼번에 같은 종으로 부르는 습관을 버렸으면 좋겠다. 식물의 이름은 명명규약법상 한 가지로만 불러야 하기 때문이다.

백목련은 높이가 15미터까지 자라는 큰키나무로 잎보다 꽃이 먼저 핀다. 꽃 향기가 강하며, 어린아이 주먹만 한 크기의 꽃이 활짝 피면 겨우

백목련

백목련 줄기

내 쌓여 있던 묵은 때를 벗겨내고 난 뒤의 개운함처럼 가슴이 후련해질 정도다. 꽃잎과 꽃받침은 각각 6장과 3장으로 모두 흰색이며, 크기와 모양이 같다. 꽃이 활짝 필 때쯤 봄비라도 맞으면 꽃잎은 이내 떨어져 초췌한 모습으로 바뀌고, 그래도 연이어 나오는 잎을 보고 있노라면 조금 위안이 된다. 얼마가 지나면 잎 사이로 씨를 품고 있는 둥근 기둥 모양의 열매가 얼굴을 내민다. 이런 열매의 형태를 골돌(蓇葖)이라고 하며, 열매가 완전히 익으면 껍질이 터지고 그 안에 있던 빨간 씨가 세상 구경을 한다.

백목련의 학명은 *Magnolia denudata*이다. 속명 *Magnolia*는 프랑스 몽펠리에 대학의 식물학 교수였던 피에르 마뇰(Pierre Magnol)의 이름에서 유래하였으며, 종소명 *denudata*는 노출되어 있다는 뜻으로 열매가 익으면 씨가 튀어나오는 모습을 표현한 것 같다. 우리나라에서 자라는 목련속(屬) 식물은 약 6종류가 있는데, 백목련보다 꽃잎 바깥쪽이 연한 홍자색이

1 2
3 4
5 6

1 백목련 꽃차례
2 백목련 꽃
3 백목련 잎
4 백목련 어린 열매
5 백목련 익은 열매
6 백목련 열매 껍질이 터져 드러난 씨

고 안쪽은 흰색인 것을 자주목련이라 하여 변종으로 취급한다. 이름과 모양이 비슷한 종인 목련은 꽃잎 아래쪽이 연한 붉은색이며, 꽃의 지름도 7~10센티미터여서 10~16센티미터인 백목련보다 작아 차이가 있다. 또 '산목련'이라고 부르기도 하는 함박꽃나무는 잎이 난 뒤에 꽃이 피는 것이 다르다. 중부 이남 지역에서 재배하는 일본목련과 태산목도 목련 종류로, 꽃이 크고 화려하며 향기도 좋아 많은 사람들이 찾는 나무다.

백목련이라는 우리 이름은 흰색의, 연꽃처럼 생긴 꽃이 피는 나무라는 뜻으로 지방에서는 '흰가지꽃나무'라 부르기도 하며, 한방에서는 백목련·목련·자목련의 꽃봉오리를 신이(辛夷)라 하여 약으로 사용한다. 목련 종류는 꽃이 피는 식물 가운데 가장 원시적인 특징을 가진 것으로 알려져 있다. 겉으로는 모든 것을 갖춘 듯이 보이지만 몇몇 종류는 물관이 없고 여러 기관들이 나선상으로 배열되는 특징 등이 그 이유라고 한다.

봄을 알리는 대표적인 식물이고 아름다운 꽃이 피지만 내면에는 숨겨진 아픔이 있다. 백목련은 봄볕에 꽃이 피고 열매를 맺는 일련의 과정을 아주 순식간에 거친다. 그럼에도 이듬해를 위해 오래전부터 겨울눈을 준비하는 부지런함을 지닌 나무다. 그들만의 살아가는 전략을 터득한 영리함을 가진 식물이다. 가까이에 개나리가 보인다.

〈목련 종류의 특징 비교〉

특징/종류	일본목련	함박꽃나무	자목련	목련	백목련	자주목련	태산목
잎	낙엽성	낙엽성	낙엽성	낙엽성	낙엽성	낙엽성	상록성
잎의 모양	거꿀 달걀 모양의 긴 타원형	타원형 또는 넓은 거꿀 달걀 모양	거꿀 달걀 모양	넓은 거꿀 달걀 모양	거꿀 달걀 모양	거꿀 달걀 모양	긴 타원형
꽃 피는 시기	잎보다 늦게	잎보다 늦게	잎보다 먼저	잎보다 먼저	잎보다 먼저	잎보다 먼저	잎보다 늦게
꽃 피는 방향	위쪽	아래쪽	위쪽	위쪽	위쪽	위쪽	위쪽
꽃의 색깔	흰색	흰색	자주색	흰색	흰색	꽃잎 겉은 자주색, 안쪽은 흰색	흰색
화피(꽃잎+꽃받침)의 수	9~12	9~12	9	9	9	9	9~12
꽃의 지름(cm)	15	7~10	10	7~10	10~16	10~16	12~15

목련 잎과 꽃

목련 열매와 씨

자주목련

일본목련

일본목련 꽃

함박꽃나무 꽃 (© 지성사)

5

노란 병아리가 떠오르는 개나리

동요 가사에 등장할 정도로 많이 알려진 개나리는 병아리와 더불어 노란색의 상징이다. 하천 주변이나 공원 주변에 일제히 핀 꽃들의 모습은 어두운 암실에서 문을 열고 나왔을 때 햇빛을 마주하는 기분이랄까? 시야가 확 트이는 느낌이다. 더군다나 잎보다 먼저 핀 꽃이 줄기 하나에 수백 송이가 한꺼번에 달리고, 여러 개체를 같이 심기에 보는 즐거움이 배가 된다.

도심에서는 이른 봄인 3월 무렵에 개나리와 비슷한 노란색 꽃이 피는 개체가 보여 혼동을 일으키기도 하는데, 이는 중국이 원산지인 '영춘화'란 종류다. 개나리와 달리 잎이 3장씩 나고, 꽃은 나팔 모양으로 끝이 6갈래로 갈라지고 1송이씩 달려 차이가 있다. 개나리의 꽃은 밝은 노란색이며 잎겨드랑이에 1~3송이씩 달리고, 꽃의 끝은 4갈래로 깊이 갈라지며 각각의 조각은 긴 타원형이다.

개나리

개나리는 꽃이 두 종류가 피는데, 암술이 수술보다 짧아 수꽃 역할을 하는 단주화와 암술이 수술보다 길어 암꽃 역할을 하는 장주화다. 이런 형태를 이화주성(二花柱性) 꽃이라 한다. 재미있는 사실은 장주화와 단주화 꽃이 피는 개체가 함께 자라야 열매를 맺는데, 심어져 있는 개체들의 꽃이 대부분 수꽃이란 사실이다. 따라서 열매 맺을 확률이 낮기에 개나리 열매를 본 사람은 그리 많지 않다.

그런데 한약재를 파는 곳에 가면 개나리 열매를 말린 '연교(連翹)'라는 약재를 볼 수 있다. 요즘 시골의 재래시장이나 장이 서는 날에 연교를 파는 곳이 제법 눈에 띌 정도로 흔한 약재가 되었다. 하지만 연교는 개나리

1 영춘화 2 영춘화 잎 3 영춘화 꽃

열매가 아닌, 산개나리의 열매를 가리킨다. 대단한 것도 아닌데 뭐 그리 난리법석을 떠느냐고? 개나리는 열매를 거의 맺지 않아 쉽게 볼 수 없기 때문이다. 문헌에도 개나리, 만리화 등의 열매는 약용으로 사용하지 않는다고 했다.

또 상대적으로 산개나리는 북한산, 관악산, 수원 등지에서만 볼 수 있고 개체 수도 많지 않아 판매되는 약재 대부분이 수입한 것들이 아닌가 싶다. 아무튼 이름이 비슷하여 잘못 쓰이고 있는 대표적인 사례이다.

그렇다면 우리 수변에서 쉽게 볼 수 있는 그 많은 개나리는 어떻게 생겨났을까? 정답은 열매 대신 가지나 줄기의 일부를 흙이나 이끼 등으로 덮어 뿌리 내리는 휘묻이가 잘되어 쉽게 묘목을 얻을 수 있다. 아마도 꽃이 두 종류가 피어 꽃가루받이의 확률이 낮아 결국 무성적으로 번식할 수 있는 방법을 촉진하게 된 것 같다.

개나리꽃이 정점을 찍고 시들 무렵이면 주변에 녹색 잎이 보이기 시작한다. 마치 정해놓은 순서대로 움직이는 계획표처럼. 잎은 줄기에서 마주나기하고 피침 모양 또는 달걀을 닮은 긴 타원 모양이며, 양끝이 뾰족하고 중간 이상에만 톱니가 있지만 없는 것도 있다. 잎자루 길이는 1~2센티미터이다. 가끔 어린 가지에 달리는 잎은 끝이 3갈래로 갈라지기도 한다.

개나리 학명은 *Forsythia koreana*이다. 속명 *Forsythia*는 영국의 원예학자 윌리엄 포시스(William A. Forsyth)를 기념하기 위해 붙인 이름이며, 종소명 *koreana*는 한국에서 자란다는 뜻이다. 개나리라는 우리 이름은 백합과의 나리 종류 꽃처럼 아름다운 꽃이 피지만 가짜(개) 나리라는 뜻으로 붙인 것이 아닌가 싶다.

우리나라에서 자라는 개나리속(屬) 식물에는 만리화 등 9종류 정도가 있는데, 개나리와

개나리 꽃

개나리 줄기

개나리 잎

만리화 열매

형태적으로 가장 비슷한 것은 산개나리이며, 줄기는 곧게 자라고 잎 뒤에 털이 있으며 암술이 수술보다 길고 열매를 잘 맺어 개나리와는 차이가 있다.

지방에서 개나리는 '가을개나리', '개나리나무', '신이화(辛夷花)', '어사리', '서리개나리' 또는 '개나리꽃나무'라 부르기도 한다.

개나리는 이른 봄에 꽃이 피고, 꽃이 진 뒤 곧이어 나오는 잎은 가을까지 계속 붙어 있으므로 한 세대가 대체로 긴 편에 속하는 식물이다. 비록 우리나라 고유종이지만 절로 나서 자라는 곳에 대한 자료가 충분하지 않아 안타깝지만, 봄부터 가을까지 볼거리를 책임지는 멋진 나무다. 주변에 튼튼한 버팀목 같은 인상의 양버즘나무가 있다.

6

방울나무로
더 잘 알려진
양버즘나무

어린 시절, '플라타너스'라고 부르던 나무가 있었다. 주로 길가에서 볼 수 있었는데 지금 생각해보면 가로수로 심었던 것 같다. 올바른 이름은 양버즘나무이지만 이 식물의 속명인 *Platanus*가 그대로 이름으로 불렸던 시절이다. 가을이면 떨어진 잎을 쓸어 모아 불쏘시개로 사용했고, 열매는 장난감으로 가지고 놀았다. 열매 바깥에 툭툭 튀어나온 암술머리 끝에 한방 맞으면 왜 그리도 아프던지, 얼굴이 온통 콧물과 눈물로 범벅이 되었던 기억도 있다.

이제 조금은 거칠고 강인해 보였던 그 가로수들은 길 끝 저만치로 밀려나고, 길가의 가로수들이 새싹부터 잎, 꽃, 열매가 모두 아름다운 종류들로 바뀌어 버렸다. 그 종류들을 모두 헤아려보니 국립수목원 통계로 총 143종류나 되었다. 세월이 흐르면서 참 많은 것이 바뀌듯이 가로수 종류도 바뀐다는 뜻이다. 더 아름다운 것을 추구하려는 우리의 본성에서 비롯

위
양버즘나무
(강원도 춘천시 보호수,
나이 110년)

아래
양버즘나무 줄기

된 것이 아닐까 생각해본다. 어쨌든 어린 시절 기억 속에 선명하게 남아 있는 플라타너스의 추억이 이젠 점점 사라지는 듯하여 아쉬움이 크다.

플라타너스가 '버즘나무'라는 우리 이름을 갖게 된 것은 줄기 때문인 듯하다. 또 이름 앞에 '양' 자가 붙어 다른 나라에서 왔음을 간접적으로 보여준다. '버즘(표준어는 '버짐')'이란 백선균이 원인인 피부병이며, 주로 얼굴이 까칠까칠하고 부분적으로 하얗게 되는 현상인데 이처럼 줄기가 모과나무같이, 더 쉽게 표현하면 옛날 예비군복의 무늬처럼 얼룩덜룩하고 표면이 울퉁불퉁한 모양 때문에 붙인 듯하다. 줄기에 약간 튀어나온 껍질을 손으로 벗기면 세로로 화투장만 한 크기로 갈라져 나온다.

넓은 달걀 모양의 잎은 긴 잎자

1 3
2 1 양버즘나무 잎 2 양버즘나무 꽃과 어린 열매 3 양버즘나무 열매와 종자 산포 후

루에 달리고 가장자리는 3~5갈래로 얕게 갈라지며, 너비는 10~25센티미터로 제법 커서 소나기가 올 때면 잎 몇 장을 엮어 모자나 우산 대신 사용하기도 했다. 꽃은 암꽃과 수꽃이 따로 피며, 수꽃은 검은빛을 띤 붉은색으로 줄기에 가지가 나는 겨드랑이 부분에서 나오는 꽃줄기에 피지만, 암꽃은 연한 녹색으로 곧게 자라는 꽃자루에 달린다. 꽃잎은 모두 3~6장이다. 열매는 1개씩 달리며 지름은 3센티미터 정도로 동그란데 많은 수과(瘦果)로 구성되어 있다. 수과 1개의 모양은 길고 달걀을 거꾸로 세워놓은

것 같은 모양으로 아랫부분에 털이 있다.

양버즘나무는 높이가 40~50미터까지 자라는 큰키나무로 학명은 *Platanus occidentalis*이다. 속명 *Platanus*는 '넓다'는 뜻의 그리스어 platys에서 유래하여 잎이 넓다는 의미이며, 종소명 *occidentalis*는 '서쪽 지역'을 뜻한다. 우리나라에서 볼 수 있는 버즘나무속(屬) 식물은 모두 재배되고 있으며 버즘나무, 단풍버즘나무, 양버즘나무 등 3종밖에 없다.

형태적으로 버즘나무와 비슷한 양버즘나무는 잎이 얕게 갈라지며 갈라진 가운데 잎 조각의 길이가 너비보다 짧고, 열매는 수과 뭉치가 탁구공처럼 둥글게 1개씩 달려, 2~6개씩 달리는 버즘나무와 차이가 있다. 한편, 단풍버즘나무는 버즘나무와 양버즘나무의 잡종으로 취급하며, 새로 나오는 잎이나 줄기 부분에 갈색 털이 많이 나서 다른 두 종류와 구별된다. 양버즘나무는 지방에서 '양방울나무' 또는 '쥐방울나무'라고 부른다.

양버즘나무 잎을 태우면 잎이 불에 타면서 타닥타닥 표면이 터지는 소리가 듣기에 정겨운데다 은은한 향기까지 난다. 이 향기는 낙엽으로 뒤덮인 도로를 걷다가도 느낄 수 있을 정도로 인상적이다. 가을이 오면 향기 나는 그 길을 찾아가봐야겠다. 옛 시절을 회상해보면서 말이다. 언덕 너머에 요즘 가로수로 각광 받고 있는 왕벚나무 길이 있다.

7

벚꽃 축제의 주인공은 왕벚나무

우리나라에서 열리는 대부분의 벚꽃 축제의 주인공은 왕벚나무라는 종류다. 산에서 흔하게 볼 수 있는 벚꽃은 연분홍색 꽃의 산벚나무가 가장 쉽게 볼 수 있는 종류라면, 집 근처에는 이 왕벚나무가 가장 많다. 『한국의 가로수』란 책에 따르면 우리나라 21개 도시의 가로수로 심어져 있을 정도다. 어떤 학자들은 일본에서 개량한 벚나무의 변이품을 원예종으로 들여와 심은 것이 퍼져 나간 것이라고도 한다.

우리나라에 분포하는 진정한 의미의 왕벚나무 자생지는 전남 해남의 대둔산 자락 대흥사 주변과 제주도의 신례리, 봉개동 등이다. 이 지역 왕벚나무의 대부분이 천연기념물로 지정되어 있다. 우리나라에서 왕벚나무가 절로 나서 자라는 곳이기 때문이다.

일기예보에서 봄이 오는 정도를 벚꽃이 피는 시기와 비교하여 추정하기도 한다. 그만큼 꽃이 피는 시기가 온도에 매우 민감하다는 이야기다. 예

왕벚나무 꽃

왕벚나무

를 들면 춘천에 왕벚나무 꽃이 피었다는 것은 서울 이북 지역에도 완연한 봄이 찾아왔다는 뜻이다. 백목련이나 개나리 등은 이미 꽃을 피웠지만, 왕벚나무의 꽃이 피는 시기가 남쪽에서부터 단계별로 서서히 북쪽으로 올라오기 때문이다. 가을 단풍이 북쪽에서 시작하여 서서히 남쪽으로 내려가듯 말이다. 모든 만물에는 다 순서가 있다는 것을 알려주는 지혜를 가진 나무인 것 같다. 잎보다 먼저 피는 꽃은 마치 한겨울에 폭설이 내려 나뭇가지를 덮어 싸고 있는 눈꽃송이처럼 보인다. 꽃 모양은 사과나무나 배나무와 비슷하고, 꽃 색깔은 순백의 아름다움이 느껴지는 흰색이다. 잘 익은 열매는 진한 붉은색 색소 때문에 옷이나 자동차에 묻으면 곤란하지만, 변

1 왕벚나무 줄기 2 왕벚나무 꽃차례 3 왕벚나무 잎

변한 간식거리가 없었던 옛날에는 훌륭한 간식거리였다. 벚나무 종류들이 가지고 있는 또 다른 장점이다.

우리나라에 자생하는 왕벚나무는 식물분류학적으로도 중요한 의미를 가지고 있다. 일본에 분포하는 벚나무 종류와의 관계에서 특히 그렇다. 이에 따라 2015년 4월에 산림과학원과 제주도, 그리고 한국식물분류학회 주관으로 왕벚나무의 '기준어미나무' 지정식이 한라산국립공원 관음사 지구 일대에서 열리기도 했다. 화려하고 아름답지만 그 속에는 이렇듯 이야기가 복잡하게 얽혀 있다.

왕벚나무의 학명은 *Prunus yedoensis*이다. 속명 *Prunus*는 '자두'를 뜻하는

왕벚나무 열매

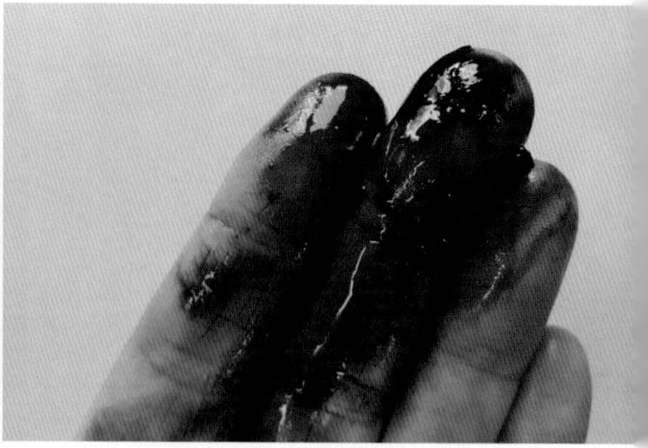
왕벚나무의 익은 열매를 터뜨려 나온 즙액

라틴어 plum에서 유래하였으며, 종소명 *yedoensis*는 일본의 수도 '도쿄'를 뜻한다.

왕벚나무라는 우리 이름은 벚나무 종류 중 꽃이 가장 크다는 뜻, 또는 가장 아름다운 꽃이 핀다는 뜻에서 붙였다고 한다. 우리나라에서 자라는 벚나무속(屬) 식물은 약 22종류가 있으며 이 중에는 살구나무, 자두나무, 앵도나무, 그리고 체리나무 같은 과실수도 포함되어 있다.

그 가운데 벚나무라는 단어가 들어 있는 종류는 울릉도에서만 자라는 섬벚나무를 제외하고 크게 5종류가 있다. 이들은 암술대와 꽃자루 밑부분의 털의 유무에 따라 다시 나뉘는데, 털이 있는 것은 왕벚나무와 올벚나무이고, 털이 없는 것은 벚나무, 산벚나무, 개벚나무이다. 올벚나무는 꽃턱이 달걀 모양, 왕벚나무는 원통 모양이어서 차이가 있다. 나머지 3종류는 어린잎에 털이 없는 벚나무와 털이 있고 끝까지 붙어 있는 산벚나무, 잎이 커지면서 털이 없어지는 개벚나무로 구별된다. 왕벚나무는 지방에서 '민벗나무', '사구라나무', '사꾸라', '왕벗나무', '제주벗나무', '큰꽃벗나무'라 부르기도 한다.

왕벚나무 꽃이 만개하면 한가득 가슴에 와닿는 꽃의 향연으로 넋을 잃고 쳐다보게 된다. 길가에 서서 만발한 꽃가지를 올려다보며 느끼는 감정이 이 정도이니, 만

왕벚나무 꽃구름

약 위에서 아래를 내려다본다면 얼마나 더 황홀할까? 마치 연분홍색 꽃구름에 올라 앉은 신선이 된 듯한 느낌일 것 같다. 때문에 왕벚나무를 벚나무 중에 최고라고 하는 것에 이견의 여지가 없다. 길 건너에 꽃이 화려한 박태기나무가 보인다.

왕벚나무 꽃

산벚나무

8

분홍색 꽃 뭉치가 화려한 박태기나무

식물은 한 개체보다는 여러 개체를 한꺼번에 심어놓고 관찰하는 것이 그 식물의 특징을 아는 데 더 도움이 된다. 그러려면 집 근처보다는 공원이나 학교처럼 넓은 곳이 더 유리하다. 흔하게 만날 수 있는 은행나무, 주목, 단풍나무, 산수유, 산철쭉 등이 대표적인 예이다. 물론 우리나라에 절로 나서 자라는 나무 종류를 가로수나 화단에 직접 심는 경우는 드물지만, 설사 원예식물로 개량된 나무라 해도 특징이 비슷하여 식물에 대해 알아보는 데는 그다지 문제가 되지 않는다.

언젠가 봄꽃들이 앞다투어 피어날 무렵, 왕벚나무의 흰 꽃 사이로 강렬한 인상의 분홍색 꽃을 본 적이 있다. 진달래나 철쭉이었다면 바로 알아보았을 텐데 꽃이 피어 있는 모습이 멀리서 보아도 조금은 특이했다. 가까이 가서 보니 자잘한 꽃봉오리들이 나무줄기를 완전히 에워싸듯 마디마다 달려 있었다. 그제야 그 나무가 잎보다 꽃이 먼저 피는 중국 원산의 박태

박태기나무

박태기나무 줄기

기나무라는 것을 알 수 있었다. 계단 주변의 경사진 풀밭 사이에 길게 줄지어 선 나무들이 일제히 꽃을 피우니 특이하게 보였던 것이다.

기억을 더듬어보다가 꽃, 잎, 열매가 계절별로 연이어 매달려 눈길을 끌었던 것이 생각났다. 봄에는 화려한 붉은 꽃, 여름에는 진한 녹색의 잎, 그리고 가을이 되면 아까시나무 열매처럼 생긴 긴 녹색 열매가 갈색으로 변하고 잎이 떨어진 뒤 그 열매만 겨울을 넘겼다. 어떤 개체들은 이듬해 봄에 꽃이 피고 새잎이 돋아날 때까지 열매가 매달려 있다가 떨어지는 질긴 면을 보여주기도 한다.

이제 박태기나무의 형태적 특징을 자세히 살펴보자. 오래된 줄기는 세로로 갈라지는 듯 껍질이 두껍지만 새로운 가지들은 회색빛으로 매끈하

1 박태기나무 꽃 2 박태기나무 잎 3 박태기나무 어린 열매 4 박태기나무 오래된 열매

다. 잎은 심장 모양에 잎자루가 길고 아래쪽은 붉은빛이 돈다. 커다란 맥이 5개 있는 잎은 앞면에 윤기가 있어 햇빛에 반사되면 눈이 부실 정도다. 꽃은 꽃잎, 암술, 수술의 색깔이 모두 붉은색을 띠어 전체가 붉게 보인다. 한마디로 꽃 색이 튄다. 7~12센티미터의 열매 꼬투리는 마디에 몇 개씩 같이 붙어 있으며, 안쪽에는 편평한 타원형의 황록색 씨가 들어 있다.

박태기나무의 학명은 *Cercis chinensis*이다. 속명 *Cercis*는 고대 그리스어로 '칼집'을 뜻하는 cercis에서 유래하여 열매의 모양을 표현한 것이며, 종소명 *chinensis*는 중국에서 자란다는 뜻이다. 박태기나무속(屬)은 우리나라에 박태기나무 1종류가 있으며, 지방에서는 '소방목', '밥태기꽃나무', '구슬꽃나무'라고도 부른다. 박태기나무라는 우리 이름 밥태기꽃나무라는

박태기나무 꽃차례

이름에서 짐작할 수 있듯이 밥알처럼 작은 꽃들이 다닥다닥 모여 핀다 하여 붙인 것이다. 북한에서는 '구슬꽃나무', 그리고 외국에서는 '칼집나무'라 부르기도 한다.

한편, 이 나무에는 무시무시한 전설이 전해져 내려온다. 박태기나무 원래 꽃은 흰색이었는데 예수를 배신한 유다(Judas)가 목을 매 죽은 나무여서 엄청난 죄인을 매단 부끄러움에 꽃이 붉은색으로 변했다는 내용이다. 사람이든 나무든 잘못을 하면 누구에게라도 피해를 준다는 교훈이 있는 이야기다.

박태기나무의 특징을 한마디로 표현하라면 사계절 모두 아름다운 모습을 볼 수 있다는 것을 꼽겠다. 사람으로 치면 계절이 바뀔 때마다 그에 걸맞게 옷을 차려입듯 하나하나 새로운 모습들이다. 그래서 누구에게나 환영받는 나무가 아닐까 싶다. 근처 하단에 산당화가 있다.

9

명자나무와 사촌지간인 산당화

꽃이 화려하거나 향기가 좋아 사람들에게 인기 있는 식물종이라면 몇 년 지나지 않아 흔히 볼 수 있다. 일종의 수요와 공급의 법칙이랄까? 그런 종류가 우리나라에서 절로 나서 자라는 식물들이라면 좋겠지만, 실제로 그렇지 못해 많이 아쉽다. 산당화는 꽃향기보다는 꽃이 핀 모습이 아름답고 나무가 크지 않아 화단에 심어놓으면 소담스러워 인기가 있다. 여느 장미과(科) 식물들처럼 꽃이 크고 여러 송이가 한꺼번에 모여 피기에 절로 눈길이 간다. 사과나무, 벚나무, 배나무, 앵도나무 등의 꽃을 상상해보면 이해가 쉬울 것이다.

산당화의 꽃은 너비가 2.5~3.5센티미터로 크고 붉은 꽃이 피며, 꽃자루가 매우 짧아 꽃을 가지에 붙여놓은 것 같은 느낌을 준다. 이 꽃무리 속에는 암꽃과 수꽃이 같이 피는데, 암꽃의 씨방은 나중에 커다란 열매를 맺지만 수꽃은 발달하지 못하고 쭉정이가 된다.

산당화

산당화 줄기

한 꽃에 30~50개의 수술과 5개의 암술이 있어 복잡해 보이지만 벌이나 나비들에게는 꿀을 많이 제공할 수 있으므로 훌륭한 기여자의 역할을 한다. 그런데 이처럼 무리 지어 핀 꽃을 보호하기라도 하려는 듯 일부 가지는 끝이 가시로 변해 있어 자칫 잘못하면 상처를 입을 수도 있다.

꽃이 지면 긴 타원형의 잎 사이로 은행 알만 한 열매를 맺는다. 그리고 마침내 10센티미터나 되는 커다란 타원형 열매로 자란다. 가을에 잎을 떨군 앙상

1 산당화 꽃차례 **2** 산당화 꽃 **3** 산당화 잎
4 산당화 열매 **5** 산당화 열매 단면

한 가지 속에 덩그러니 매달린 열매들을 본 적이 있다. 맛이 좋아 먹을 수 있었다면 벌써 없어졌겠지만 특별한 맛이 없는 모양이다. 서리가 내리도록 그대로 남아 있으니 말이다. 보여주고 싶은 것이 많은 식물인가 보다.

산당화는 낙엽이 지는 떨기나무로, 학명은 *Chaenomeles speciosa*이다. 속명 *Chaenomeles*는 '갈라진다'는 뜻의 그리스어 chaino와 '사과'를 의미

해당화 꽃과 열매

하는 melon의 합성어로 열매는 사과 같고 갈라진다는 뜻이며, 종소명 *speciosa*는 '화려하다'는 뜻으로 꽃을 표현한 것 같다.

산당화라는 우리 이름은 바닷가의 모래밭에서 자라는 해당화와 꽃이 비슷하다 하여 붙인 이름이다. 이름은 비슷하지만 해당화는 장미속(屬)에 포함되어 산당화와는 소속이 다르다. 산당화가 속한 명자나무속(屬)에는 잘 알려진 모과나무와 명자나무가 있으며, 우리나라에서는 절로 나서 자라지 않고 모두 심어서 재배한다.

한동안 비슷한 이름 때문에 산당화를 동정(同定)하는 데 어려움이 많았다. 어떤 식물도감에는 명자나무속에 산당화나 명자나무 종류는 아예 언급도 없이 다른 이름이 올라 있고, 또 어떤 도감에는 명자나무와 산당화를 같은 종으로 취급하는 등 혼란이 있었기 때문이다. 이 책은 국가표준식물목록의 우리 이름을 따르기에 '명자꽃'은 산당화를 의미하며, '풀명자'는 명자나무의 다른 이름으로 정리해둔다.

산당화는 명자나무보다 키가 크고 가지가 비스듬히 위를 향하며, 작은 가지는 돌기가 없어 밋밋하고 잎에 잔 톱니가 있어 구별된다. 또 명자나무는 주로 남부지방에 관상용으로 심고 일본에 분포하지만, 산당화는 중국이 원산으로 전국에 식재한다는 차이가 있다. 산당화는 지방에서 '가시덱이', '당명자나무', '명자꽃', '잔털명자나무', '자주해당'이라고 부르기도 한다.

산당화의 꽃을 보고 있노라면 누구든지 그 앞에 머무르고 싶은 충동이 생기고, 꽃이 핀 가지를 꺾어 나만의 공간에 꽂아놓고 싶은 욕심이 생긴다. 올해도 화려하고 매력적인 붉은색 꽃을 기대해본다. 봄바람에 수수꽃다리의 향기가 은은하게 실려온다.

10

꽃, 향기, 의미 삼박자를 갖춘 수수꽃다리

바람을 타고 꽃향기가 백 리를 간다는 '백리향', 천 리를 간다는 '천리향'은 이렇게 공식적으로 이름을 내걸고 스스로를 뽐낸다. 백 리면 40킬로미터요, 천 리면 400킬로미터니까 그 향기가 얼마나 멀리 가는지 상상이 간다. 더덕처럼 바람이나 동물이 잎이나 줄기를 건드려야 향기를 내는 식물이 있는가 하면, 창문만 열어놓아도 은은한 향기를 맡을 수 있는 집 주변에 친근한 식물이 있다. '수수꽃다리'라는 종류다. 사촌뻘인 서양수수꽃다리 '라일락'과 비슷한 식물이라면 금세 모양이 떠오를 것이다.

백리향

수수꽃다리가 절로 나서 자라는 곳은 황해도, 평남 및 함남 지역의 석회암 지대로 알려져 있다. 하지만 향기가 좋기로 소문나 어디서

나 잘 자랄 수 있는 원예종으로 개량되어 아파트 산책로나 화단에 단골격으로 심는 나무가 되었다.

또 우리나라 원산인 '개회나무' 종류를 서양으로 가져가 개량한 뒤 '미스김라일락'이라는 이름으로 판매되기도 한다. 단오제로 유명한 강릉의 남대천변 공원에서 처음 이 식물의 꽃을 만났는데, 자그마한 키에 단단해 보이는 꽃의 모습에서 뭔가 강인한 느낌을 받았다. 물론 주변으로 풍기는 은은한 향기는 어느 유명하고 비싼 향수 못지않게 좋았고 머리가 상쾌해지는 느낌까지 받았다. 어찌됐든 모두 꽃향기가 좋다는 것이 개량한 이유인 것 같다. 현재 이 식물들은 비싼 로열티를 주면서 국내로 역수입하여 곳곳에 심는다고 하니, 하루빨리 우리나라 식물 자원의 주권 확보를 위한 전략을 수립해야 한다.

수수꽃다리는 높이가 2~3미터쯤 자라고 낙엽이 지는 나무다. 잎은 줄

위 수수꽃다리 **아래** 수수꽃다리 줄기

미스김라일락

기에 마주나기하고 넓은 달걀 모양이나 달걀 모양이며, 2~2.5센티미터의 긴 잎자루에 붙어 있다. 잎 가장자리에는 톱니가 없고 앞뒷면 모두 털이 없이 매끈하다. 4~5월에 연한 자주색으로 피는 꽃은 길이 1.5~2센티미터이고 향기가 있으며 위쪽은 4갈래로 갈라진다. 또 원추꽃차례[圓錐花序]로 오래된 가지 끝에 마주나 달리며 가지에는 분비샘 모양을 닮은 돌기가 있고, 열매는 삭과(蒴果)로 끝이 뾰족하고 긴 타원형이다.

수수꽃다리의 학명은 *Syringa oblata* var. *dilatata*이다. 속명 *Syringa*는 '피리'의 그리스어인 syrinx에서 유래하였으며, 종소명 *oblata*는 거의 원형에 가깝지만 위아래가 넓은 모양을 뜻하는 말로, 잎의 형태를 표현한 것이다. 변종소명 *dilatata*도 '넓다'는 의미를 가지고 있다.

1 2
3
4

1 수수꽃다리 꽃 **2** 수수꽃다리 잎 **3** 수수꽃다리 어린 열매 **4** 수수꽃다리 익은 열매

수수꽃다리라는 우리 이름은 수수팥떡의 경단으로 이용하는 농작물 수수의 열매처럼 꽃이 다닥다닥 붙어 있는 모습에서 유래한 듯하다. 우리나라에서 볼 수 있는 수수꽃다리속(屬)에는 13종류 정도가 있다.

수수꽃다리와 형태적으로 가장 비슷한 종류는 라일락이다. 헝가리, 불가리아 등 동유럽에서 자라지만 우리나라에 들여와 원예종으로 심는 식

수수꽃다리 꽃

라일락 꽃

물로, '서양수수꽃다리'라고도 부른다. 라일락은 꽃의 꽃부리 길이가 1센티미터 정도로 짧고 열매는 달걀 모양의 타원형이라 수수꽃다리와는 차이가 있다. 그런데 이런 차이가 있음에도 사람들은 향기가 나는 수수꽃다리 종류를 모두 라일락으로 부른다. 백당나무를 불두화로, 산수국을 수국으로 잘못 부르는 것처럼 말이다. 아쉬운 일이다. 지방에서 수수꽃다리는 '개똥나무' 또는 '넓은잎정향나무'라 부르기도 한다.

봄바람에 익숙해질 시기가 되면 어느새 수수꽃다리는 연분홍빛의 꽃으로 우리의 눈을 즐겁게 해주고, 기분 좋은 향기로 코끝을 자극한다. 언제 맡아도 좋은, 훌륭한 자연의 향이다. 근처에 흰색 꽃이 화려한 조팝나무가 보인다.

백당나무 (© 지성사)

불두화 (© 지성사)

산수국 (© 지성사)

수국 (© 지성사)

11

팝콘? 밥풀?
어디에 견주어도 잘 어울리는
조팝나무

식물의 이름만 들어도 그 모습이 바로 상상이 된다면 얼마나 좋을까? 꽃이 병처럼 생겨 이름 붙인 '병꽃나무', 꽃에서 좋지 않은 냄새가 난다 하여 이름 붙인 '누린내풀' 등, 비록 실물은 보지 못했더라도 이름만으로도 충분히 생김새나 특징을 짐작할 수 있는 식물들이다. 이와 반대인 경우도 있다. 전혀 모습을 상상하기가 어려운 식물들이다. 이런 종류들이 많기에 식물분류학이라는 학문이 존재하는 것 같다.

조팝나무도 마찬가지다. 어떤 이는 꽃이 작은 팝콘처럼 생겼고 흰색이어서 붙인 이름이라 하기도 하고, 어떤 이는 밥풀이 붙어 있는 모양으로 꽃이 피어 '밥풀꽃'이라고 부르기도 하는데, 그다지 신빙성이 없다고 생각한다. 또 어느 식물도감에서는 꽃이 달린 모습이 튀긴 좁쌀을 붙여놓은 것 같아서 붙인 이름이라고도 한다. 하기야 열매나 꽃이 좁쌀처럼 작다 하여 이름 붙인 '좁쌀풀'이 있는가 하면, 하얀 쌀밥처럼 흰 꽃이 핀다 하여 '이

1 2
3 4

1 병꽃나무 **2** 누린내풀 (© 지성사)
3 좁쌀풀 **4** 이팝나무

조팝나무

조팝나무 꽃 (© 지성사)

팝나무'라 불리는 나무도 있으니, 표현만 다를 뿐 모두 그 식물의 아름다움을 담은 이름이라고 이해해주면 좋겠다.

조팝나무는 산기슭 양지바른 쪽에 주로 살지만 화단의 경계수로도 심는다. 또 요즘은 도로변에 울타리처럼 심어놓아 봄이면 흰색 꽃 잔치를 볼 수 있게 꾸민 곳도 있다. 춘천에서 원주로 가는 중앙고속도로 주변이나 제천 톨게이트 부근이 대표적인 장소라 할 수 있다.

1 조팝나무 줄기 2 조팝나무 새순 3 조팝나무 잎

이처럼 조팝나무가 인기 있는 이유는 꽃이 잎보다 위쪽에 피고, 그 잎이 가을까지 이어지니, 즐길 거리가 많아서인 듯하다. 줄기 윗부분의 가지 마디에 달린 많은 꽃눈들이 한꺼번에 피어나면 나무 위쪽은 눈꽃으로 덮인 것처럼 해맑고, 향기 또한 좋아서 사람은 물론 벌이나 곤충도 즐겨 찾는 나무다.

어느 날 작은아이를 학교에 데려다주고 집으로 향하는데, 차창 밖으로 바람에 출렁이듯 흔들리는 꽃송이가 눈에 들어와 차를 세우고 그곳으로 가본 적이 있다. 얼마나 많은 조팝나무 꽃들이 피어 있는지 입이 떡 벌어질 정도였다. 곧장 집으로 달려가 카메라를 가져와서는 30여 분 동안이나 사진을 찍었던 기억이 있다. 은은하고 수수하기보다는 화려하고, 또 무슨 일이 있더라도 뒤끝이 없어 보이는 모습이다. 그렇다고 꽃이 큰 것도 아니다. 5장의 꽃잎은 각각 달걀을 거꾸로 세워놓은 모양이나 타원형이고, 길이는 4~6밀리미터로 작다. 꽃이 시들 때가 되면 줄기 아래쪽에 있는 잎들이 보이기 시작한다. 그런데 동백나무 꽃처럼 꽃이 진 뒤에 한꺼번에 나오는 것이 아니라 서서히 나와 흰색에서 녹색으로 탈바꿈하는 과정을 연속해서 관찰할 수 있다. 타원형의 잎은 가장자리에 작은 톱니가 빼곡하게 나 있고 줄기에 서로 어긋나며 달린다.

조팝나무는 장미과(Rosaceae)에 속하며 학명은 *Spiraea prunifolia* var. *simpliciflora*이다. 속명 *Spiraea*는 모양이 나선형이나 화환처럼 둥글다는 뜻의 그리스어 spiraea에서 유래하였으며, 종소명 *prunifolia*는 벚나무속(*Prunus*)의 잎과 닮았다는 뜻이다. 변종소명 *simpliciflora*는 꽃이 홑꽃잎으로 핀다는 뜻으로 겹꽃이 피는 기본 종과는 차이가 있음을 보여준다.

조팝나무의 기본 종은 일본이 원산이며 우리나라에서는 주로 관상용으로 재배되고 있다. 우리나라에서 자라는 조팝나무 종류는 15종이며, 흔하게 볼 수 있는 것으로는 인가목조팝나무, 참조팝나무, 꼬리조팝나무 등이 있다. 조팝나무는 지방에서 '홑조팝나무'라 부르기도 하며 어린순은 나물로 한다.

조팝나무 꽃을 보고 있으면 가슴이 콩닥콩닥 뛰는 것을 느낀다. 꽃줄기에 흰색 꽃이 한가득 매달려 있는 모습에 압도되는 느낌이다. 꽃이 떨어질 때가 되면 잎이 그 모습을 대신하기에 꽃과 잎을 함께 칭찬해주고 싶은 우리 꽃나무다. 저 멀리 줄기의 날개가 인상적인 화살나무가 보인다.

꼬리조팝나무

인가목조팝나무

참조팝나무 (© 지성사)

12

줄기의 날개만큼은 최고인 화살나무

우리나라에 절로 나서 자라는 식물 중 줄기에 가시나 찌르는 털이 있는 것은 더러 있지만, 날개를 가진 종류는 드물다. 그런데 최근 아파트 단지나 정원 주변에 조경수로 심는 식물 중에 날개가 뚜렷한 종류를 볼 수 있다. 줄기와 가지에 붙어 있는 2~4줄의 요란한 날개가 특징인 '화살나무'라는 식물이다.

이처럼 뚜렷한 형태적 특징을 바탕으로 우리 이름을 붙인다면 얼마나

1 수박풀 **2** 초롱꽃 **3** 노랑무늬붓꽃

화살나무

좋을까? 잎의 모양이 수박과 비슷하다 하여 이름 붙인 '수박풀'이나 꽃이 초롱 모양을 닮은 '초롱꽃', 그리고 꽃에 노란색 무늬가 있는 '노랑무늬붓꽃'처럼 말이다.

화살나무는 야생에서도 볼 수 있고, 쉽게 비교하자면 봄에 어린순을 나물로 먹는 '회잎나무(지방에서는 홋잎나물)'와 사촌지간이다. 두 종류는 날개가 뚜렷하게 있는지의 차이만 있을 뿐이다. 그래서 어떤 학자들은 이들을 같은 종으로 취급하기도 한다.

화살나무의 날개를 만져보면 줄기에 달린 오래된 것들은 딱딱하지만 새로 난 가지에 달린 것은 날개의 발달도 약하고 부드럽다. 잎은 줄기에 마

화살나무 줄기

화살나무 꽃과 잎

화살나무 잎

주나 달리고 타원 모양이나 달걀을 거꾸로 세워놓은 모양이며, 양 끝이 뾰족하고 가장자리에 날카로운 잔 톱니가 있다.

꽃은 잎겨드랑이에 몇 송이씩 달리는데 대부분 꽃 3송이가 함께 모여 있다. 꽃의 길이는 지름이 1센티미터 정도이며 황록색이라 뚜렷하게 눈에 띄진 않지만 새순에서 잎이 완전히 피고 나면 잎 사이에 이미 둥근 모양의 열매가 맺힌다. 열매는 가을이 되면 붉은색으로 익는다. 씨는 종의(種衣)라고 하는 황적색 종자옷에 싸여 있으며 색깔은 흰색이다.

가을이 되면 화살나무는 단풍이 들어 잎이 붉게 물든다. 엽록소가 파괴되고 안토시아닌 같은 붉은 색소가 발현되어 잎 색깔이 조금씩 붉게 변해간다. 화살나무의 단풍은 이처럼 천천히 그리고 약하거나 강하게 바뀐다. 단풍나무나 은행나무처럼 붉은색과 노란색이 식물 전체를 덮는 강렬한 변화를 보이는 종류와는 달리 은은하고 수수한 멋을 느낄 수 있다.

화살나무는 노박덩굴과(Celastraceae)에 속하는 잎이 지는 떨기나무로, 학명은 *Euonymus alatus*이다. 속명 *Euonymus*는 '좋다'는 의미의

1 2 3 **1** 화살나무 단풍과 열매 (© 지성사) **2** 회잎나무 잎과 꽃 **3** 회잎나무 단풍과 열매

그리스어 eu와 이름이라는 뜻의 onoma의 합성어라 하기도 하며, 그리스 신화에 등장하는 신(神)의 이름에서 유래하였다고도 한다. 종소명 *alatus*는 '날개가 있다'는 뜻으로 줄기의 날개를 표현한 것 같다.

우리 이름도 줄기의 나래(화살)를 표현하여 붙였다. 화살나무와 달리 가지에 날개가 없는 것은 '회잎나무'라 하고, 잎 뒤에 털이 있는 것은 '털화살나무'라고 하여 품종으로 취급한다. 지방에서 화살나무는 '참빗나무', '참빗살나무', '챔빗나무', '홋잎나무', '흔립나무'라 부르기도 한다. 민간에서는 잎을 식용하고, 한방에서는 화살나무와 회나무 종류, 참빗살나무, 회잎나무의 가지와 날개를 통증과 혈압을 낮추는 데 사용한다.

한동안 화살나무는 암을 치료하는 나무로 알려져 수난을 당했다. 껍질째 벗겨지고 줄기 전체가 잘려 나간 모습에 많이 안타까워했는데, 무슨 이유에서인지 요즘은 개체가 눈에 많이 띈다. 어쨌든 산행에서 만나면 특이한 날개로 항상 기억 속에 남는 식물이었는데, 이젠 아파트 주변의 울타리로, 또 멋있는 단풍으로 쉽게 만날 수 있어 다행이다.

겨울에 눈으로 뒤덮여 있는 아파트 주변의 화살나무를 보면서 줄기의 날개가 전체를 받쳐주는 듯한 느낌을 받았다. 튼튼한 지지대 같은 역할을 하는 모습에서 강인함을 느낄 수 있었다. 새봄이 되면 그 위에 또다시 싱싱한 초록잎이 나오기를 고대해본다. 주변으로 철쭉 종류가 보인다.

13

늘 친구 같은 철쭉, 산철쭉과 진달래

어린 시절 철쭉과 진달래는 가장 흔한 봄꽃이었다. 집 뒷산을 조금만 올라가도 연한 분홍색 꽃은 모두 진달래였고, 산 정상부 쪽으로 가면 대부분 철쭉이었다. 그러면 도심의 아파트나 집 근처에서 만나는 연분홍색 꽃은 무엇일까? 머릿속에 남아 있는 철쭉과 진달래와는 조금 다른 모습이다. 물론 진달래나 철쭉은 우리나라에서 대체로 흔하게 볼 수 있는 종류라서 보통 대략적인 모습은 알고 있으리라 생각한다. 특히 탐스럽게 생긴 꽃 모양은 더 그렇다.

기회가 있으면 깔때기처럼 생긴 꽃의 아랫부분이나 꽃이 매달려 있는 작은 꽃자루 또는 어린 가지 끝을 한번 만져보라. 뭔가 끈적거림이 느껴질 것이다. 이 끈적거리는 점액질이 있는지의 여부가 철쭉과 진달래를 구별하는 가장 큰 차이점이다. 그런데 이 점액질 속에는 로독신(Rhodoxin)이라는 독성 물질이 들어 있어 철쭉 종류는 꽃을 먹지 못하지만, 점액질이 없는 진달래꽃은 먹을 수 있다. 이런 차이 때문에 시골에서는 먹지 못하는 꽃이 핀다 하여 철쭉을 '개꽃'이라 불렀고, 진달래는 먹을 수 있는 꽃이라 하여 '참꽃'이라 불렀다.

철쭉 종류에는 철쭉, 흰철쭉, 산철쭉, 겹산철쭉, 흰산철쭉 등이 있다. 철쭉은 연한 붉은색 꽃잎에 붉은 반점이 있으며, 잎은 달걀을 거꾸로 세워놓은 모양이다. 이에 비해 산철쭉은 연한 홍자색 꽃잎에 짙은 반점이 있고, 잎은 좁고 긴 타원형 또는 넓고 거꾸로 된 피침형이라는 차이가 있다. 또 철쭉은 우리나라 전역의 능선과 숲속에서 자라지만, 산철쭉은 주로 중부 이남 지역의 산 정상부나 물가에서 볼 수 있다. 그래서 물가에서 자라는 산철쭉을 '수달래'라고도 한다. 이런 기본 종에 흰색 꽃이 피는 개체와 겹꽃이 피는 개체 각각의 이름 앞에 '흰'과 '겹' 자를 붙여 품종으로 부른다.

진달래 종류에는 진달래, 흰진달래, 털진달래, 반들진달래, 왕진달래, 한라진달래 등 6종류가 있고, 각각 꽃의 색깔, 털, 잎의 윤기 유무, 잎과 열매의 크기로 구별하며, 각각 진달래의 품종과 변종으로 되어 있다. 진달래의 잎은 피침형으로 산철쭉과 비슷하고, 꽃은 잎보다 먼저 피며 꽃잎 안쪽에 반점이 희미하게 있다. 따라서 꽃과 잎이 비슷한 시기에 피고, 꽃잎 안쪽에 반점이 뚜렷한 철쭉과는 차이가 있다.

한편, 진달래는 두견화(杜鵑花)라고도 부른다. 여기에는 애틋한 전설이 있다. 중국 촉나라의 망제(望帝)는 나라가 패망한 뒤 죽어 두견새로 다시 태어나 봄이면 그 괴로움에 피눈물을 흘리며 날아다녔다고 한다. 몇 년 후 그 눈물이 떨어진 곳에서 작은 나무가 자라 꽃이 피었는데 사람들은 두견새의 슬픔이 그대로 전달되어 꽃으로 피어났다며 그 꽃을 두견화라 불렀

1 2
3 **1** 철쭉 (© 지성사) **2** 철쭉 줄기 **3** 철쭉 잎

다는 이야기이다. 김소월의 「진달래꽃」이나 『삼국유사』의 「헌화가」 등에서도 진달래가 등장하는 이유도 여기에 있는 듯싶다.

진달래와 달리 철쭉 종류는 원예화 되어 개량된 종류가 많다. 흔히 도심 지역의 화단이나 조경용으로 심은 것들은 대부분 이런 품종이다. 키도 작고 꽃의 색깔도 다양하며, 특히 꽃이 오래가고 한꺼번에 많이 핀다는 장점이 있다. 꽃이나 잎 모양이 산철쭉을 닮아 연한 홍자색 꽃이 피는 개체는 모두 '산철쭉', 흰색 꽃은 '흰(산)철쭉', 붉은 꽃이 피는 것은 '영산홍', '자산홍', 그리고 황색 꽃이 피는 것은 '황철쭉'이라고 부른다.

철쭉, 산철쭉, 진달래의 학명은 각각 *Rhododendron schlippenbachii*, *R. yedoense* var. *poukhanense*, 그리고 *R. mucronulatum*이다. 속명

1 2
3
1 진달래 (© 지성사) 2 진달래 잎 3 진달래 꽃과 익은 열매

*Rhododendron*은 그리스어로 '장미'를 뜻하는 rhodon과 '나무'를 의미하는 dendron의 합성어로, 붉은색 꽃이 피는 나무라는 뜻이다. 철쭉의 종소명 *schlippenbachii*는 1854년 우리나라 식물을 처음으로 수집한 독일의 해군 제독 슐라이펜바흐(B. A. Schlippenbach)의 이름에서 유래하였으며, 산철쭉의 종소명 *yedoense*는 일본 도쿄를 뜻하고, 변종소명 *poukhanense*는 북한산에서 자란다는 의미가 있다. 진달래의 종소명 *mucronulatum*은 잎 끝이 약간 튀어나왔다는 뜻이다.

철쭉이나 산철쭉이라는 우리 이름은 중국에서 이 식물들을 부르는 이름, 즉 '척촉(躑躅)'과 '산척촉(山躑躅)'에서 유래한 것으로 보인다. 척촉은 철쭉 꽃이 아름다워 지나가던 사람이 그냥 지나가지 못하고 발길을 머뭇거리게 한다는 뜻이라고 한다.

우리나라에서 볼 수 있는 진달래속(屬) 식물은 11종류이며, 한라산에서 자라는 '참꽃나무'부터 백두산에서 자라는 '좀참꽃', 그리고 약용으로 널리 알려진 '만병초'까지 종류가 다양하다. 철쭉은 지방에서 '개꽃나무', '참철쭉', '철쭉꽃', '철쭉나무', '함박꽃'이라고 부른다. 산철쭉은 '개꽃나무' 또는 '물철쭉'이라고 부르며, 진달래는 '진달내', '진달래나무', '왕진달래', '참꽃나무' 등으로 부른다.

철쭉은 등산로 주변이나 도심지역에서 만나는 친숙한 식물이지만 이 같은 이름 때문에 혼동을 일으키기도 한다. 절로 나서 자라는 것과 원예화한 것을 제대로 알고 구별해야 하는 이유가 여기에 있다. 근처에 장수의 상징 느티나무가 있다.

〈철쭉과 진달래 종류의 특징 비교〉

특징/종류	철쭉	산철쭉	흰철쭉	황철쭉	영산홍	진달래	털진달래	흰진달래
잎의 모양	거꿀 달걀 모양	긴 타원형	거꿀 달걀 모양	거꿀 달걀 모양	좁은 피침형	긴 타원상 피침형	긴 타원상 피침형	긴 타원상 피침형
잎의 털 유무	있음	있음	있음	있음	있음	없음	있음	없음
꽃과 잎	함께 핌	함께 핌	함께 핌	함께 핌	함께 핌	꽃이 먼저 핌	꽃이 먼저 핌	꽃이 먼저 핌
꽃의 색깔	연한 홍색	연한 홍자색	흰색	황색	진한 자색	연한 홍색	연한 홍색	흰색
꽃부리 안쪽의 반점	적갈색	짙은 자색	녹색	짙은 황색	자색	자색	자색	녹황색
꽃 부분의 분비샘	있음	있음	있음	있음	있음	없음	없음	없음
수술의 수	10개	10개	10개	5개	5개	10개	10개	10개

철쭉 (© 지성사)

산철쭉

흰철쭉

황철쭉

진달래 (© 지성사)

흰진달래

털진달래 잎

14

그늘, 놀이터, 단풍 등 선물 보따리가 넉넉한 느티나무

삶의 질이 향상되어 요즘은 100세 시대를 산다고들 한다. 상대적으로 신생아의 출산율이 낮아 걱정이기도 하지만, 장수하는 노년층 인구수는 점점 늘어나고 있다. 나무 중에서도 유난히 장수하는 종류가 있다. 언뜻 생각하면 '살아서 천년, 죽어서 천년'이라는 '주목'이 떠오르지만 흔한 것으로 꼽자면, 왕벚나무와 더불어 가로수로 가장 많이 심은 느티나무다.

쌍둥이 느티나무 (전남 화순)

느티나무는 무더운 여름날 시원한 그늘이 되어주고 마을의 안녕을 빌어주는 터줏대감 역할을 하기도 했다. 아름드리 느티나무에 매어놓았던 그네는 또 얼마나 훌륭한 놀이 기구가 되었던지, 땀을 뻘뻘 흘리며 그네를 뒸딘 어릴 적 추억이 생각난다. 가을이면 단풍도 아

느티나무

름답다. 굳이 단풍으로 유명한 산을 가지 않더라도 가을을 느끼기에 충분하다.

느티나무는 다 자라면 높이가 50미터나 되고 둘레도 어른들 몇몇이 손을 잡고 안아야 할 정도로 거대하다. 줄기의 껍질은 오래되면 갈라져 물고기 비늘처럼 떨어지고, 어린 가지는 뽀얀 털로 가득 차 있으며, 마디에 달려 있는 겨울눈은 갈색으로 달걀 모양이다. 잎에는 맥이 8~18개 있고 만져보면 서걱서걱 소리가 날 정도로 뻣뻣한 느낌이 든다. 하지만 시간이 지나면 잎 양면에 있던 털이 서서히 없어지면서 부드러워진다. 잎 모양은 긴 타원형 또는 달걀처럼 생긴 피침 모양으로 끝이 점차 뾰족해지고, 가장자

느티나무 줄기

느티나무 꽃

리에는 이빨 모양의 톱니가 규칙적으로 나 있으며 작은 잎자루가 있다. 꽃은 수꽃과 암꽃이 따로 피는데 수꽃은 새 가지 밑에 모여 달리고, 암꽃은 새 가지 위쪽에 1송이씩 달린다. 열매는 핵과로 찌그러진 편구형(扁球形)이며 뒷면에 능선이 있다.

느티나무는 느릅나무과(Ulmaceae)에 속하며, 학명은 *Zelkova serrata*이다. 속명 *Zelkova*는 코카서스에서 자라는 *Zelkova carpinifolia*를 지방에서 부르는 이름 Zelkoua(Tselkwa)에서 유래하였으며 '돌처럼 단단한 기둥'이라는 뜻으로 튼튼한 줄기를 표현하고, 종소명 *serrata*는 톱니가 있다는 뜻으로 잎 가장자리의 특징을 표현한 것 같다. 우리나라에서 볼 수 있는 느티나무속(屬)에는 느티나무 1종이 자라는데, 학자에 따라서는 잎의 모양에 따라 '둥근잎느티나무'와 '긴잎느티나무'를 변종으로 취급하는 견해도 있다. 느티나무라는 우리 이름은 지방에서 부르는 괴목(槐木), 황색의 회나무를 뜻하는 황(黃)과 괴(槐) 자의 합성어에서 유래하여 '누튀나모'가 '느티나모'를 거쳐 '느티나무'로 변화되었다고 한다.

느티나무 잎

긴잎느티나무 잎

우리나라에서 가장 큰 느티나무는 전남 장성군 북하면 단전리에 있는 것으로 천연기념물 제478호로 지정되어 있으며, 높이는 28미터, 가슴높이 둘레는 10.5미터 정도이며 나이는 400년 이상으로 추정하고 있다. 이 나무는 마을에서 '장군나무'라 불리며 영험한 기운을 가진 신목으로 여기고 있어, 매년 대보름에 당산제를 지내는 등 역사적이나 문화적으로 가치가 큰 나무로 평가받고 있다. 또 가장 오래된 느티나무는 제주 표선면 성읍리에서 자라는 느티나무이며, 강원도 삼척시 도계읍 도계리에 있는 긴잎느티나무는 나이가 천 년이 넘는 것으로 추정하고 있으며 이들은 각각 천연기념물 제161호와 제95호로 지정되어 있다.

커다란 아름드리로 자란 오래된 느티나무를 보고 있으면 겉으로 풍겨져 나오는 위압감 때문에 흠칫 놀랄 때가 있다. 마을을 지키기 위해 그 정도의 위엄은 필요한 것이라고 한다면 가로수 길의 느티나무는 그늘과 휴식 공간을 제공해주는 고마운 존재다. 길 건너에 단풍나무가 보인다.

- 느티나무 천연기념물 분포도 -

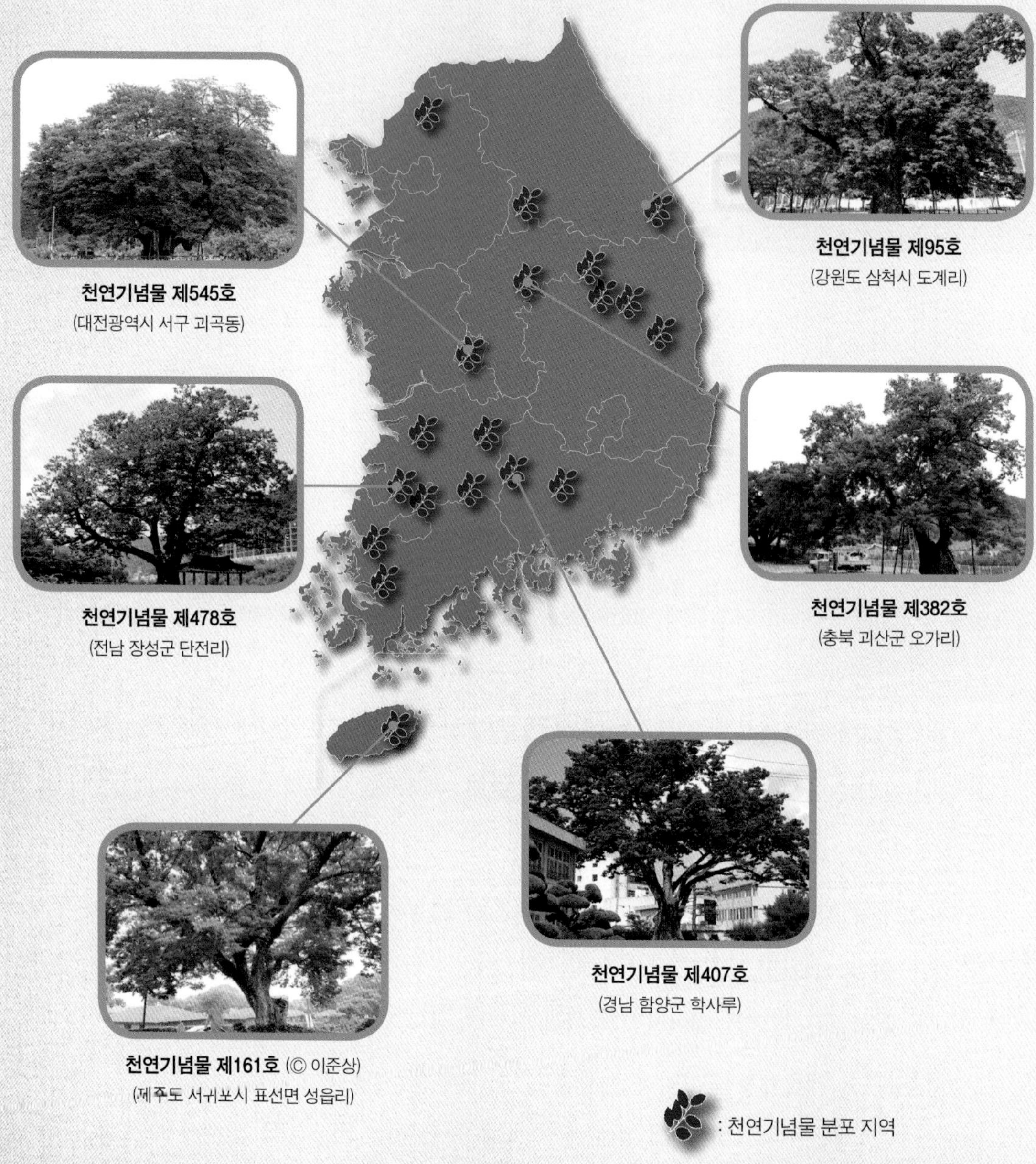

15

일곱 갈래로 갈라진 잎이 예쁜 단풍나무

화단이나 학교 운동장 주변의 단풍나무는 모양도 그렇지만 가을을 알리는 식물로 더 잘 알려져 있다. 또 봄철에 주로 맛볼 수 있는 고로쇠 수액을 채취하는 고로쇠나무도 단풍나무 종류이다. 꿈틀꿈틀 잎이 올라오는가 싶으면 벌써 꽃이 주렁주렁 매달려 있는데, 나중에는 한 꽃에서 씨 2개가 붙어 자라고 씨에 긴 날개가 있어 볼거리를 제공한다. 등산을 가거나 집 주변 공원에서 이런 날개 달린 씨를 보면 십중팔구는 단풍나무 종류로 생각해도 괜찮다. 열매 이름도 잘 지었다. 식물 분류학 용어로 단풍나무 열매는 '시과(翅果)'라 하여 날개가 붙어 있음을 잘 표현하고 있다.

고로쇠나무

단풍나무 종류는 잎이 갈라지는 개수가 종을 나누는 데 중요한 특징이다. 심어서 자라는

위
단풍나무

아래
단풍나무 줄기

것은 대부분 7갈래로 갈라진다. 반면 야생에서는 3갈래로 갈라지는 신나무를 비롯해, 5갈래는 고로쇠나무, 7갈래는 단풍나무, 9갈래는 당단풍나무, 11~13갈래는 울릉도에서만 볼 수 있는 섬단풍나무로 구분한다. 가을이면 안토시아닌, 카로틴, 크산토필 같은 색소의 발현에 따라 붉은색과 노란색으로 단풍이 들지만 어떤 원예품종들은 처음 잎이 나올 때부터 붉은색을 띠는 것도 있다.

우리나라에 절로 나서 자라는 단풍나무는 주로 남쪽지역에서 볼 수 있다. 중부 이북지역에서 볼 수 있는 잎이 7갈래로 갈라진 종류는 모두 원예종이다.

단풍나무 꽃은 산방꽃차례[繖房花序]로 달리고 한 꽃에 암술과 수술이 모두 있거나 암꽃과 수꽃이 따로 핀다. 암꽃은 꽃잎이 없거나 꽃잎 흔적이 2~5장 있지만, 수꽃

1 단풍나무 새순 **2** 단풍나무 열매 (© 지성사) **3** 단풍나무 잎

은 꽃잎이 없으며 수술은 8개이고, 꽃받침 조각은 5장이다. 그래서인지 잘 피어 있는 단풍나무 꽃을 자세히 들여다보면 뿔처럼 뾰족하게 튀어나온 작은 구조물들을 볼 수 있다. 꽃도 작고 꽃잎도 확실하지 않아서인지 꽃이 아주 깨끗해 보이지는 않는다. 반면에 벌들은 꿀을 따기 쉬워 꽃이 만개하면 단풍나무 주변 여기저기에서 윙윙거리는 소리가 들릴 정도로 많이 모인다.

단풍나무의 학명은 *Acer palmatum*이다. 속명 *Acer*는 단풍나무의 라틴 이름으로 갈라진다는 뜻이고, 종소명 *palmatum*은 손바닥 모양으로 갈라졌

단풍나무 꽃 (© 지성사)

다는 의미로 잎의 모양을 잘 표현했다. 단풍나무라는 우리 이름은 잎의 색깔이 계절에 따라 변한다는 것에서 붙인 듯하다.

우리나라에서 자라는 단풍나무속(屬) 식물에는 약 27종류가 있는데, 대부분 잎 1장이 갈라져 이루어진 단엽이지만, 복자기, 복장나무, 네군도단풍 등은 작은 잎이 모인 복엽(複葉)으로 되어 있다. 복자기와 복장나무는 복엽이 작은 잎 3장으로 이루어져 있다는 공통점이 있다. '나도박달'이라 부르기도 하는 복자기는 작은 잎 가장자리에 톱니가 없거나 2~3개만 분포하고, 잎자루에 털이 있으며, 열매는 3개씩 달리고 털이 있어 복장나무와는 차이가 있다. 이에 비해 네군도단풍은 복엽이 작은 잎 3~5장으로 이루어져 있어 구별된다.

한편, 단풍나무와 달리 잎이 9갈래로 갈라지고, 열매가 수평으로 벌어지는 것은 '내장단풍', 그리고 잎의 맥, 꽃자루와 어린줄기에 흰색 털이 밀생(密生)하는 것은 '털단풍'이라 하여 단풍나무의 변종으로 취급하기도 한다. 지방에서 단풍나무는 '모미지나무', '산단풍나무', '색단풍나무' 등 여러 가지 이름으로 부르기도 한다.

단풍나무 종류는 산이든 공원이든 우리나라 어디를 가도 쉽게 만날 수 있다. 그래서 단풍이 드는 나무를 모두 단풍나무라고 부르기도 하지만, 진정한 단풍나무가 있음을 알았으면 좋겠다. 근처에 향기로운 꽃이 피는 쥐똥나무가 있다.

신나무

당단풍나무

섬단풍나무

복자기

복장나무

네군도단풍

16

이름은 불량해도 꽃향기가 좋은 쥐똥나무

제주도로 단체 여행을 떠나면 한 번쯤 한라산 등반을 계획에 넣는다. 산을 싫어하는 사람은 은근히 비가 오기를 기다리겠지만, 예상과 달리 해가 반짝이면 정상으로 향하는 발걸음은 천근만근이다. 등산로 바닥에는 왜 그리 돌이 많은지 평탄하지 않은 길을 뒤뚱뒤뚱 걷는 모습을 뒤에서 보고 있노라면 웃음이 나기도 한다. 그래도 정상을 밟는 것이 최종 목표라면 이 얼마나 쉬운 일인가! 몇 시간 꾸준히 걷다 보면 정상에 도달할 테니까 말이다. 우리 팀처럼 식물을 관찰하고 사진 찍기를 반복하면서 가면 적어도 1.5배 넘게 시간이 걸린다. 더불어 가장 긴 등산로인 1100고지에서 관음사로 내려가는 코스는 말 그대로 낮 시간을 꼬박 투자해야 목표에 도달할 수 있다. 내려가는 길은 왜 그다지도 길었던지, 다시 생각해도 몸서리가 쳐진다.

언젠가 힘든 다리를 이끌고 백록담 정상에서 관음사 방향으로 내려오는

위
쥐똥나무

아래
쥐똥나무 줄기

길이었다. 차 소리와 사람 소리가 가까이 들릴 무렵 시원한 바람과 함께 향긋한 꽃향기가 코를 자극했다. 조금 이국적이라 해야 할까? 화원이나 식목원 같은 곳에서 맡았던 특이한 향기 같은 느낌이었다. 그 뒤로도 몇십 미터는 족히 걸었는데도 끝없이 밀려오는 그 향기에 하루 종일 걸으며 쌓였던 정신적 · 육체적 피로를 말끔히 잊게 되었다. 그때 그 향기의 주인공은 바로 '좀쥐똥나무'라는 식물의 꽃향기였다. 향수가 필요 없을 정도로 은은하고 맑은 향이었다. 세상에 둘도 없을 만큼. 그럼 이 향기를 경험하려면 제주도로 가야 하나? 아니다. 우리나라 어느 곳에서든 가능하다. 도시에서는 사촌격인 쥐똥나무를 정원수로 심고 있고 따뜻한 지역에는 야생으로 자라니 꽃 피는 시기만 잘 맞추면 언제든지

1 쥐똥나무 잎 **2** 쥐똥나무 꽃차례 **3** 쥐똥나무 꽃 **4** 쥐똥나무 열매

그 향기로운 꽃향기를 경험할 수 있다. 아마 사진을 보면 “아, 이 나무를 말하는구나!”라고 할 정도로 주변에서 많이 보는 종류다.

모양을 자세히 살펴보자. 높이는 2~4미터, 잎은 긴 타원형으로 마디에 마주나 달린다. 꽃은 가지 끝에 총상꽃차례[總狀花序] 또는 총상꽃차례가 한 번 더 가지를 쳐서 다발 형태로 달리고 1센티미터가량의 꽃은 흰색으로 피며 향기가 진하다. 꽃의 몸통은 가늘고 길며 위쪽으로 갈수록 넓어지는데, 끝이 4갈래로 갈라져 각각 뒤로 약간씩 말린다. 열매는 달걀 모양의 원형으로 길이는 7~8밀리미터이고 10월에 검은색으로 익는데, 오래 버티는 열매는 이듬해 새싹이 날 때까지도 남는다.

쥐똥나무의 학명은 *Ligustrum obtusifolium*이다. 속명 *Ligustrum*은 어떤 물건을 붙들어 맨다는 뜻의 ligare라는 단어에서 유래하였는데 실제로 물건을 잡아매는 데 이 나무의 가지를 사용했다고 한다. 종소명 *obtusifolium*은 잎 끝이 둔하다는 뜻으로 잎의 특징을 표현하고 있다.

우리나라에서 자라는 쥐똥나무속(屬) 식물은 모두 9종인데, 대부분 제주도나 남부지역에서 자라고 속리산과 거문도에는 산동쥐똥나무, 그리고 울릉도에는 섬쥐똥나무가 분포한다. 쥐똥나무라는 우리 이름은 열매의 모양과 색깔이 마치 쥐똥을 닮았다 하여 붙인 이름이다. 꽃의 색깔이나 향기에 비해 이름이 적잖이 불량해 보이지만 '노루오줌'이나 '쥐오줌풀'처럼 형질의 특징이 잘 반영된 이름이다.

쥐똥나무에 비해 2년 된 가지에 털이 있고, 잎은 긴 타원형 또는 달걀을 거꾸로 세워놓은 모양이며 잎의 뒷면 맥 위에 털이 밀생하는 개체를 털쥐똥나무라고 한다.

쥐똥나무는 지방에서 '개쥐똥나무', '검정알나무', '귀똥나무', '남정실', '백당나무', '싸리버들'이라 부르기도 한다. 쥐똥나무는 봄에는 진한 향기를, 그리고 가을에는 예쁜 열매를 선물한다. 그래서 이름을 붙일 때 열매보다는 향기에 초점을 맞췄다면 어땠을까 하는 아쉬움이 있다. 저 멀리 키가 큰 가죽나무가 있다.

노루오줌

쥐오줌풀

섬쥐똥나무

17

열매가 풍성한 가죽나무

한겨울이 되면 하얀 눈이 소복이 쌓인 눈 세상을 떠올리겠지만, 눈이 내리지 않는 겨울은 쓸쓸한 중년의 외로움처럼 세상은 온통 스산하기만 하다. 말라 비틀어진 쑥대가 보이는가 하면 뿌리에서 올라온 개망초의 뿌리잎도 누렇게 변해 있다. 생동감이라곤 전혀 찾아볼 수 없는 황량함이다. 근처에 있는 나무를 올려다보자. 역시 앙상한 가지에 차가운 바람만 걸려 있을 뿐, 파란 하늘만이 눈에 가득 들어온다.

그런데 가끔 가지 끝에 새집 같은 뭉치가 매달려 있는 나무가 보이기도 한다. 자세히 보이지는 않지만 언뜻 보면 단풍나무 종류의 열매를 닮은 것처럼 보인다. 나무 밑으로 가서 겨울바람의 심술로 땅에 떨어진 열매를 보면 금방 이 나무의 정체를 알수 있다. 바로 '가죽나무'다. 이 나무를 생각하면 벌써 잎에서 풍기는 고약한 냄새가 떠오른다.

그러나 동해안이나 남쪽지방에서는 이 나무나 '참죽나무'의 어린잎에

찹쌀 풀을 입혀 튀기면 고소한 향기가 일품인 훌륭한 반찬이 된다고 하니 또 다른 매력을 가진 나무가 아닐 수 없다.

가죽나무는 키가 20미터까지 자라고, 줄기의 껍질은 회갈색을 띠며 갈라지지 않는다. 잎은 '아까시나무'처럼 작은 잎이 홀수로 이루어진 복엽으로 대부분 13~25장이 달려 있고 각각 넓은 피침상의 달걀 모양이다.

잎 가장자리에 털이 있고 밑에는 2~4개의 불규칙한 톱니와 향이 나는 물질을 분비하는 선점(腺點)이 있어 만지면 냄새가 난다. 잎을 식용으로 하니까 향긋하거나 구수한 냄새를 생각한다면 오산이다.

동남아시아에서 과일의 왕이라고 하는 '두리안'은 호텔 안으로의 반입이 금지되어 있다. 마치 치즈나 양파의 강한 향처럼 악취가 너무 심하다는 것이 이유인데, 그럼에도 껍질을 벗겨 먹어보면 달콤하고 신선하며 감칠맛이 나서 천국의 맛과 지옥의 냄새를 모두 지

위
가죽나무

아래
가죽나무 줄기

닌 과일로 평가받는다. 가죽나무를 즐겨 먹는 이들은 동의하지 않을지 모르겠지만, 나는 가죽나무 잎의 향이 두리안의 향 못지않게 역하다고 생각한다.

은행나무나 계수나무처럼 가죽나무도 암꽃과 수꽃이 다른 나무에 피는 암수딴그루이다. 꽃은 녹색이 도는 흰색으로 피며 10~30센티미터의 긴 원추꽃차례[圓錐花序]로 달린다. 열매는 씨에 날개가 달려 있는 시과(翅果)로 3~5개씩 달리고, 연한 적갈색의 껍질은 얇은 피침형으로 길이는 3~4센티미터이며 안에 씨가 1개 들어 있다.

가죽나무는 중국이 원산지이며, 학명은 *Ailanthus altissima*이다. 속명 *Ailanthus*는 인도네시아 몰루카(Molucca) 섬의 지방에서 부르는 이름으로 '하늘의 나무'라는 뜻이고, 종소명 *altissima*는 '키가 아주 크다'는 의미이다.

우리나라에서 자라는 가죽나무속(屬) 식물에는 가죽나무와 붉은가죽나무 등 2종류가 있다. 붉은가죽나무는 잎 표면이 짙은 녹색이고 뒷면은 짙은 회색이며 열매가 붉은빛이 돌아 가죽나무의 품종으로 취급한다. 가죽나무는 지방에서 '가중나무', '개죽나무', '까중나무'라 부르기도 하는데, 우리 말 이름도 어린순을 주로 식용으로 이용하는 참죽나무를 대신하여 '가짜 죽나무'라는 뜻으로 붙인 이름이라고 한다.

몇 년 전 삼척으로 하천 하구역 조사를 갔을 때였다. 민물과 바닷물이 만나는 하천 주변에 커다란 마을이 있었고, 하천 둑방길 주변으로 가죽나무를 한가득 심어놓은 것을 보았다. 그 이유를 물었더니 음식 재료로 사용하려고 일부러 심은 것이라고 했다.

지금도 가죽나무 잎에서 나는 향기를 생각하면 고개가 절레절레 흔들어

1 2
3 4

1 가죽나무 잎 **2** 가죽나무 꽃 **3** 가죽나무 열매 **4** 가죽나무 열매(겨울)

지지만 그곳에서는 없어선 안 될 식물이었다. 어느 식물이든 필요하면 약도 되고 독도 되는 자연의 섭리가 새삼 대단하다는 것을 느낀다. 저 멀리 제방 근처에 족제비싸리가 있다.

18

벌과 나비가 좋아하는 꽃을 지닌 족제비싸리

지금은 개체 수가 적어 쉽게 볼 수 없는 동물이 되었지만 초등학교 때만 하더라도 족제비를 만나는 것은 그리 드문 일이 아니었다. 요즘으로 치면 잣나무를 오르내리는 청설모 정도로 생각하면 될 것 같다. 족제비는 몸 색깔이 노란색이어서 쉽게 구별이 가능했고 대부분 집 근처에서 살았기에 보기가 쉬웠다. 족제비를 잡으면 털이 달린 거죽은 말려서 겨울에 신을 보온용 신발의 재료로 사용하였으며, 고기는 단백질 보충용으로 구워먹었다. 가장 기억에 남는 것은 족제비의 꼬리이다. 털이 붓처럼 가늘고 부드러워 살랑살랑 잘 움직였기 때문이다.

족제비

식물 중에도 족제비 꼬리를 닮아 이름 붙인 '족제비싸리'라는 나무가 있다. 바람이

족제비싸리

불면 길쭉한 꼬리가 기울어지듯 꽃줄기가 구부러지면서 한쪽 방향으로 치우쳐 보이는 것을 표현한 것 같다. 족제비싸리는 도로 주변 둑이나 하천의 제방 또는 식물이 없는 비탈진 곳의 토심을 깊게 하려고 심었던 것이 널리 퍼져 지금과 같이 분포 장소가 폭넓어졌다.

이 나무는 크게 자라지 않아 잎이나 꽃을 관찰하기가 쉽고 꽃향기도 좋아 쉽게 친해질 수 있는 식물이다. 그러나 잎이나 가지를 자르면 약간 역겨운 향

족제비싸리 줄기

1 족제비싸리 잎 **2** 족제비싸리 꽃차례 **3** 족제비싸리 꽃 **4** 족제비싸리 어린 열매
5 족제비싸리 열매(겨울)

이 나기도 한다. 잎은 줄기에 어긋나 달리는데 작은 잎 11~26장으로 이루어진 복엽이어서 마치 아까시나무의 잎을 축소해놓은 것처럼 보인다. 작은 잎은 달걀 모양 또는 타원형으로 길이는 1.5~3센티미터인데 뒷면에만 털이 약간 있다.

가지 끝에서 올라오는 8~15센티미터의 꽃대에 수상꽃차례[穗狀花序]로 꽃이 다닥다닥 붙어 달리는데 꽃 길이는 6밀리미터로 아주 작고 자줏빛이 도는 하늘색이 매력적이다. 전형적인 콩과 식물의 꽃은 꽃잎이 접혀 있는 형태에 좌우대칭으로 피고, 꽃잎은 5장으로 익판(翼瓣), 용골판(龍骨瓣), 기판(旗瓣)으로 구성되어 있다.

먼저 기판은 주로 꽃 위쪽의 커다란 꽃잎 1장으로, 양쪽에 있는 익판 뒤쪽에 위치한다. 익판은 기판과 부분적으로 덮여 있는 2장이 제비꽃의 측판, 즉 옆 꽃잎처럼 양쪽에 놓여 있고, 꽃의 가장 아래쪽에 위치한 용골판 2장은 윗부분이 서로 붙어 있다. 하지만 족제비싸리 꽃은 작은 기판으로만 이루어져 있어 차이가 있다. 열매는 약간 굽어 있고, 길이는 약 1센티미터 정도로 안쪽에 콩팥 모양의 씨가 1개씩 들어 있다.

한편, 콩과(Fabaceae) 식물은 질소고정을 하므로 생태학적으로 매우 중요한 역할을 한다. 질소고정은 뿌리에 공생하는 뿌리혹박테리아라는 미생물이 담당하는데, 토양에 있는 질소 분자를 암모늄 이온으로 환원시켜 식물이 흡수할 수 있게 만든다. 대신 식물은 이 미생물이 살 수 있는 집에 해당하는 뿌리혹을 제공해주고 영양분을 공급하기도 한다.

족제비싸리는 북아메리카에서 들어온 낙엽이 지는 떨기나무로, 학명은 *Amorpha fruticosa*이다. 속명 *Amorpha*는 정상적이지 않다는 뜻의 그리스어 amorphos에서 유래하여 꽃부리가 불완전하다는 것을 표현한 것이며, 종소명 *fruticosa*는 관목 형태로 작은, 즉 떨기나무라는 뜻이다.

우리나라에서 자라는 족제비싸리속(屬)에는 3종류가 있다. 가장 아래쪽 마디에 달리는 작은 잎이 가지 가까이 붙어 있고 잎에 털이 있는 것을 '털족제비싸리'라 하며, 작은 잎이 달리는 간격이 좁고 꽃이 밝은 회청색인 벽자색(碧紫紫)이며 털이 약간 있거나 거의 없는 것을 '애기족제비싸리'라 부른다.

활짝 핀 족제비싸리 꽃을 보면 꽃받침의 선점에서 내뿜는 향기를 맡으려고 으레 코를 가까이 대본다. 하지만 향기보다 먼저 도착한 벌이나 나비들이 시샘이라도 하듯 달려들어 깜짝깜짝 놀랄 때가 더 많다. 아름다운 꽃향기를 맡으려면 정말 주의해야 한다. 찻길 주변에 가로수로 심은 이팝나무가 보인다.

19

흰 꽃의 향연을 펼치는 이팝나무

요즘 예전에 심었던 가로수를 새로운 수종으로 교체하는 것을 자주 볼 수 있다. 거리에 전혀 어울릴 것 같지 않은 소나무가 등장하는가 하면, 남쪽지역에는 아열대나 열대식물인 야자수 종류가 있는 거리도 있다. 하기야 1980년대에는 '종로에는 사과나무를 심어보자'라는 노랫말도 있기는 했지만, 물밀듯이 소개되는 새로운 수종 앞에서는 추억을 되짚어볼 겨를도 없이 사라졌다. 이렇게 많은 수종 가운데 그래도 눈에 확 띄는 것을 고르라면 '이팝나무'가 아닐까 싶다.

확실한 기억은 없지만 언젠가부터 아파트 주변이나 학교 정원 등에서 1~2개체가 눈에 띄기 시작하더니 지금은 전국의 도로 주변이나 시내 가로수로 이팝나무가 각광 받고 있다. 꽃이 핀 이 나무를 본 순간의 느낌은 이랬다. 마치 신비의 세계에 와 있는 것처럼 현란하고, 한번 보면 푹 빠져들 것 같은 모습의 소유자! 그 아름다움은 몇 번이나 칭찬해도 지나치지

이팝나무

않을 정도다. 한 가지 더 다행스러운 점은 이 나무가 우리나라에 절로 나서 자란다는 것이다. 인천 앞바다의 덕적도에 갔을 때 돌 틈 사이에서 반기던 이팝나무의 꽃이 아직도 눈에 선하다.

이팝나무는 높이 20미터까지 자라는 큰키나무로, 줄기 표면은 겨울에 손등의 살이 트듯이 세로로 갈라져 지저분해 보인다. 잎은 마주나 달리며 모양은 타원형, 긴 타원형, 달걀 모양 등으로 다양하고, 길이나 너비도 변이가 심하다. 꽃은 새로 난 가지에서 피어나 마치 꽃들이 모두 끝에 매달려 있는 것처럼 보여 나무 전체가 흰색으로 뒤덮인 듯한 착각을 불러일으키기도 한다. 꽃받침과 꽃잎은 4장씩으로 갈래꽃처럼 깊게 갈라지고, 길

1 2
3
1 이팝나무 줄기 **2** 이팝나무 잎(타원형) **3** 이팝나무 잎(달걀 모양)

이 1~2센티미터에 너비가 2~3밀리미터로 아주 가늘다. 열매는 쥐똥나무처럼 타원형이며, 가을이면 밝은 회청색, 즉 벽자색으로 익는다. 이후 열매가 한꺼번에 익은 모습이 작은 머루송이를 닮았다.

이팝나무는 물푸레나무과(Oleaceae)에 속하며 학명은 *Chionanthus retusus*이다. 속명 *Chionanthus*는 '눈'과 '꽃'을 뜻하는 그리스어 chion과 anthos의 합성어로 흰색 꽃이 많이 피는 것을 표현한 것이며, 종소명 *retusus*는 끝이 약간 파여 있다는 뜻으로 잎 끝의 모양을 표현한 것이다. 이팝나무라는 우리 이름은 옛날부터 하얀 쌀밥을 일컫는 말인 '이밥'이라는 낱말을 이 나무의 흰색 꽃에 빗대어 부르다가 이렇게 변했다는 이야기도 있고, 여름이 시작된다는 절기 입하(立夏) 즈음에 꽃이 핀다 하여 붙인 이름이라고도 한다.

우리나라에서 볼 수 있는 이팝나무속(屬) 식물은 이팝나무 1종밖에 없다. 이팝나무에 비해 잎이 피침형이고, 꽃의 너비가 1~1.5밀리미터로 좁은 것을 '긴잎이팝나무'라 하여 변종으로 취급한다. 이팝나무는 지방에서 '니암나무' 또는 '뻿나무'라고 부른다.

한편, 경남 밀양시 부북면에는 삼국시대에 축조된 위양못이라는 저수지가 있는데, 그 주변의 이팝나무 숲이 주변 경관과 매우 아름답게 어우러져

1 이팝나무 꽃차례 2 이팝나무 꽃 3 이팝나무 어린 열매 4 이팝나무 익은 열매

2016년 아름다운 숲 전국대회에서 우수 숲으로 선정되었다고 한다. 아울러 몇몇 지역의 오래된 이팝나무들은 천연기념물로 지정되어 보호받고 있다.

이팝나무 꽃이 필 무렵이면 자주 밤거리를 산책한다. 꽃이 달빛, 그리고 가로등빛과 잘 어우러져 산책로 분위기가 더없이 좋기 때문이다. 봄이면 항상 마음을 설레게 하는 이팝나무 꽃! 벌써부터 내년 봄이 기다려진다. 저만치에 아까시나무가 보인다.

이팝나무 가로수길

경남 밀양시 부북면 위양못 주변의 이팝나무 숲

20

'아카시아나무'가 아닌 '아까시나무'라 불러주오

아까시나무 꽃을 보면 지금도 생각나는 일이 있다. 남자들이면 누구나 경험했을 군대 이야기다. 나는 5월 8일, 즉 어버이날에 입대했다. 본인이 입대 날짜를 선택하는 것은 아니지만, 그래도 날이 날이니만큼 못내 아쉬웠다. 입대 후 훈련소 생활이 조금 익숙해질 무렵, 아침이면 산들바람에 향긋한 아까시나무 꽃내음이 실려왔다. 그 향기는 고된 훈련소 생활로 지치고 피곤한 몸을 회복시켜주기에 충분했다. 아름드리나무에 주렁주렁 매달려 있는 새하얀 아까시나무 꽃을 보면서 이 꽃이 질 때쯤이면 훈련소를 나가겠구나 하고 날짜를 계산했던 기억이 아직도 생생하다.

이처럼 아까시나무는 특유의 왕성한 번식력으로 건물이나 운동장 주변, 또는 하천의 제방에 이르기까지 다양한 곳에서 자란다. 씨로 번식할 뿐만 아니라 뿌리를 뽑아낸 후 땅속에 뿌리 가닥이 조금만 남아 있어도 새로운

아까시나무

아까시나무 줄기

줄기를 만들 수 있기 때문이다.

아까시나무 줄기 껍질은 황갈색으로 세로로 갈라지며, 가지에는 흔적 잎, 즉 턱잎이 변한 가시가 있다. 잎은 작은 잎 9~19장이 홀수로 이루어진 복엽으로, 각각 타원형이나 달걀 모양이며 가장자리에 톱니가 없다. 꽃은 총상꽃차례[總狀花序]로, 잎겨드랑이에서 나오고 길이는 10~20센티미터로 아래로 늘어지는데, 마치 포도송이처럼 생겼다. 길이 1.5~2센티미터인 흰색 꽃이 피지만 밑부분은 약간 노란

1 2
3 4
5

1 아까시나무 가시
2 아까시나무 잎
3 아까시나무 꽃차례
4 아까시나무 꽃
5 아까시나무 어린 열매

색을 띠기도 하며 향기가 매우 좋다. 이 꽃은 먹을 수도 있어서 입에 넣고 씹으면 달콤하고 묘한 향이 난다. 열매는 꼬투리 형태로 편평하며 길이는 5~10센티미터, 안쪽에는 편평하고 흑갈색을 띤 콩팥 모양의 씨가 5~10개 들어 있다.

아까시나무는 아카시아나무와 같은 종류로 혼동해서 사용하는 사람들이 많은데 이는 잘못된 것이다. 아카시아나무는 *Acacia*속에 포함되며, 이 속은 아프리카, 유럽, 호주, 아메리카 그리고 아시아 일부 지역에 1350여 종류가 분포한다. 반면에 아까시나무는 *Robinia*속에 속하며 북미 애팔래치아 산맥의 냉온대지역이 원산인 낙엽이 지는 잎이 넓은 식물로, 영어 이름은 black locust이며 우리나라에는 1880년대 일본에서 들여와 재배하기 시작했다고 한다.

아까시나무의 학명은 *Robinia pseudoacacia*이다. 속명 *Robinia*는 헨리 4세 시대인 1660년에 파리의 원예학자 장 로뱅(Jean Robin, 1550~1629)이 북미에서 유럽으로 아까시나무를 도입하였고, 그의 아들인 베스파시엥 로뱅(Vespasien Robin, 1579~1662)이 널리 퍼뜨린 것을 기념하기 위해 붙인 이름이며, 종소명 *pseudoacacia*는 아카시아나무와 비슷하다는 뜻이다.

우리나라에서 볼 수 있는 아까시나무속(屬) 식물에는 아까시나무, 민둥아까시나무와 꽃아까시나무가 식재되어 자란다. 꽃아까시나무는 꽃이 연한 붉은색이고 줄기와 가지, 그리고 꽃자루에 붉은색 털이 나는 특징이 있다. 아까시나무는 지방에서 '가시다릅나무', '개아까시나무', '아카시아나무'라고도 부른다. 아까시나무라는 우리 이름은 학명의 종소명 뜻처럼 '가짜 아까시아'라는 뜻으로 붙였다고 하기도 하고, 꽃향기가 좋아 가까이 가

꽃아까시나무

보니 험상궂은 가시가 보여 아까시나무라 불렀다는 이야기도 있다.

초등학교 때 실과 시간에 가끔 운동장 주변에 있는 아까시나무를 뿌리째 뽑기도 했다. 뿌리에서 끊임없이 나오는 줄기를 없애기 위해서였다. 중학교 때는 풋먹이(녹사료)의 재료로 쓰기 위해 잎을 잘 말려 비료 포대에 담아 방학 숙제로 냈던 기억도 있다. 또 꽃이 필 때면 꿀을 따려고 아버지와 함께 아침부터 바쁘게 움직였던 일도 생각난다. 그래서일까, 아까시나무는 내 인생 전반에 걸쳐 많은 경험을 함께한 식물이라 애착이 간다.

최근에는 우리나라 꿀 생산량의 70퍼센트가 아까시나무 꿀이고, 식물체에 저장할 수 있는 탄소 저장량이 250만 톤에 달해 약 350만 대의 자동차에서 배출하는 온실가스를 흡수할 수 있어, 그 가치가 새롭게 인정받고 있다. 여러 가지로 훌륭한 나무다. 주변에 산딸나무가 있다.

21

꽃잎 같은 흰색 포엽이 아름다운 산딸나무

미국 플로리다주는 우리나라처럼 삼면이 바다로 둘러싸인 반도의 특징을 가지고 있지만 아열대성 기후로 사계절이 뚜렷하지 않다. 한창 더운 7~8월에는 화씨 온도가 100도 이상으로 높아져 걸어서 바깥출입을 하는 사람이 거의 없을 정도다. 도로에서 올라오는 뜨거운 열기, 자동차에서 내뿜는 매연까지 가세한다면 상상을 초월한다.

그런데 이런 곳에 가끔, 아니 어떤 날에는 하루에도 몇 번씩 갑자기 비구름이 만들어지면서 장대비가 쏟아지곤 한다. 가슴이 시원할 정도로 엄청난 폭우 같은 소나기였다. 몇 년 전 플로리다에서 지낼 때 아주 더운 날에는 이 비라도 흠뻑 맞으면 좀 시원해질 것 같아 밖으로 나가고 싶은 충동을 느끼곤 했다. 하지만 이젠 어린 나이가 아니고, 또 자칫 감기라도 걸리면 더 큰 곤욕을 치러야 하기에 스스로를 위안하며 창밖만 내다본다. 장대 같은 빗줄기를 보고 있노라면 이렇게 시원한 꽃비를 내리게 하는 식물

산딸나무

이 생각난다. 한꺼번에 순백색으로 피는 꽃잎 모양의 보호조직을 가진 산딸나무 종류가 그 주인공이다.

산딸나무는 주로 우리나라 남쪽지역에서 절로 나서 자란다. 요즘은 공원이나 아파트 주변에 조경수로 많이 심고 있으며, 원예종인 미국산딸나무가 가끔씩 눈에 들어오기도 한다. 어쨌든 두 종의 개화기 때에는 흰색 꽃 부분이 워낙 강렬하고 화려하여 주변에 자라는 다른 식물들은 눈에 들어오지 않을 정도이다. 꽃은 아주 작고 여러 송이가 뭉쳐 있어 잘 보이지 않지만, 꽃 보호조직인 길이 3~9센티미터, 너비 2~3센티미터의 총포(總苞) 조각 4장이 사람들의 시선을 사로잡는다. 천남성, 앉은부채, 꽃집에서 많이 판매되는 칼라(Calla) 같은 종류도 색깔이 화려하고 포엽이 특이한

산딸나무 줄기

산딸나무 잎

산딸나무 열매

대표적인 식물이다.

그러나 역시 화무십일홍(花無十日紅)인가? 그 화려함은 며칠 가지 못하고, 게다가 비라도 내리면 흰색의 총포 조각이 우수수 떨어지고 만다. 그때의 모습이 플로리다에서 장대비가 쏟아질 때와 비슷하다고 할까? 다음날 나무 아래를 보면 꽃비가 내린 뒤 떨어진 흰색 조각들이 옹기종기 모여 있다. 화려하고 깨끗함을 더 오랫동안 볼 수 없어 섭섭함이 크지만, 이를 대신해 꽃이 진 후 맺는 열매가 또 한 번의 볼거리를 제공한다.

5~10센티미터의 긴 꽃자루에 꽃 20~30송이가 한꺼번에 모여 달리는데, 꽃이 지면 둥근 모양에 크기는 포도 알만한 열매가 맺는다. 이 열매는 취과(聚果)로 10월쯤 붉게 익으며, 과육에서 단맛이 나서 새들이 즐겨 먹는다.

산딸나무의 학명은 *Cornus kousa*이다. 속명 *Cornus*는 '뿔'을 뜻하는 라틴어 cornu에서 유래하였으며, 종소명 *kousa*는 '풀'을 뜻하는 일본어이다. 우리나라에서 자라는 산딸나무 송류는 7종이 있는데, 층층나무, 산수유 등이 대표적이다. 산딸나무는 지방에서 '굳은산

1 산딸나무 2 천남성 3 앉은부채

딸나무', '들매나무', '미영꽃나무', '박달나무', '소리딸나무', '쇠박달나무', '애기산딸나무', '준딸나무'라 부른다.

산딸나무와 형태적으로 아주 비슷한 미국산딸나무는 총포 조각의 끝이 둥글고 파여 있으며 약간 붉은색을 띠어 차이가 있다. 아울러 붉은색 색소의 발현 정도에 따라 여러 품종으로 세분하기도 한다.

미국에서는 산딸나무를 dog wood라 한다. 줄기 껍질이나 잎을 달인 물이 개의 피부병을 치료하는 데 사용된다 하여 붙인 이름이다. 산딸나무라는 우리 이름은 열매의 형태가 딸기와 비슷하게 생겨 산에서 자라는 딸기나무라는 뜻에서 붙였다고 한다. 꽃도 보기 좋지만 잎, 줄기, 열매도 제몫을 하는 여러 장점이 있는 나무이다. 저 멀리 불두화가 있다.

미국산딸나무 꽃

미국산딸나무 줄기

미국산딸나무 잎

22

슬픔과 기쁨을 두루 갖춘 불두화와 백당나무

도심 공원이나 정원이 있는 시골집에 한 그루 정도는 있을 법한 나무가 있다. 부처님 머리를 닮은 꽃이 핀다 하여 붙인 우리 이름 불두화(佛頭花)다. 그다지 크게 자라지는 않지만 꽃이 피어 있는 모습을 보면 어떻게 저 큰 꽃 뭉치의 무게를 버티고 있을까 궁금할 정도로 많은 꽃이 뭉텅이로 달린다. 어른들 주먹만 한 크기인데, 영어 이름도 snowball tree다. 활짝 핀 꽃은 화려하여 차를 타고 가다가도 그냥 지나칠 수 없어 내려서 살펴볼 정도이다.

이처럼 둥근 꽃이 피는 이유는 꽃 안쪽의 꽃줄기를 보면 알 수 있다. 꽃잎을 모두 떼어내면 가운데 부분에 중심이 되는 꽃줄기 축이 있고, 축을 중심으로 일정한 방향으로 작은 꽃줄기가 가지를 쳐 둥근 모양을 이룬다. 비유하자면 축구공이나 야구공을 만들 때 같은 크기와 모양의 가죽 조각을 이어 붙여 구(球)의 모양을 만드는 것과 같다. 그런데 재미있는 것은 이

1 2
3 4 **1** 불두화 **2** 불두화 줄기 **3** 불두화 꽃 **4** 불두화 잎

렇게 화려한 꽃을 피우지만 열매는 전혀 맺지 못한다는 사실이다. 피는 꽃 모두가 무성화이기 때문이다. 그래서인지 불두화는 절 근처에 많이 심어져 있다. 예로부터 스님들은 결혼을 하지 않기 때문이다. 흰색 꽃 하나의 너비는 3센티미터 정도이며, 끝은 크기가 다른 5개의 조각으로 나눠진다.

산에 가도 불두화를 볼 수 있을까? 아니다. 산에서 만나는 식물은 불두화와 꽃이 비슷한 '백당나무'라는 종류다. 꽃 하나하나를 보면 비슷하지만 공처럼 둥글고 한 종류의 꽃이 피는 불두화와 달리, 백당나무는 무성화와 유성화가 같이 피기 때문에 꽃차례에 붙는 가장자리의 꽃과 안쪽의 꽃이

1 백당나무 2 백당나무 꽃 (© 지성사) 3 백당나무 줄기 4 백당나무 열매

다르다. 즉 바깥쪽 꽃은 불두화와 비슷한 무성화가 피지만, 안쪽에는 지름 5~6밀리미터에 작고 흰색인 유성화가 있어 2가지 꽃이 핀다는 차이가 있다. 나중에 유성화는 콩알만 한 열매를 맺어 가을에 붉은색으로 익으며 이 열매는 겨울까지 남아 있는 끈기도 있다. 백당나무라는 우리 이름의 어원은 알려져 있지 않지만 꽃이 흰색이고 당분이 많은 나무라는 뜻에서 붙인 이름이 아닐까 짐작한다. 이 꽃에 벌이나 나비가 많이 찾아드는 것이 이를 잘 뒷받침해주고 있다.

불두화나 백당나무의 잎은 줄기에 마주나 달리고 잎자루가 길다. 잎 끝은 대부분 3갈래로 갈라지며 모양은 단풍나무 종류 중 신나무의 잎을 확대해놓은 듯하다.

불두화와 백당나무는 인동과(Caprifoliaceae)에 속하며 학명은 각각 *Viburnum opulus* for. *hydrangeoides*와 *Viburnum opulus* var. *calvescens*이다. 속명 *Viburnum*은 자세한 뜻은 알려져 있지 않지만 같은 속의 *V. lantana*라는 식물의 옛 이름이라 하며, 종소명 *opulus*는 어떤 단풍나무 종류를 닮았다는 뜻의 라틴어 opolos에서 유래하였으며, 갈라진 잎을 표현한 듯싶다. 불두화의 품종소명 *hydrangeoides*은 수국속(屬) 식물과 비슷하게 생겼다는 의미이고, 백당나무의 변종소명 *calvescens*는 털이 없다는 뜻이다.

한편, 꽃 모양에서 간혹 불두화나 백당나무를 수국 종류와 비슷한 종류로 오해하기도 한다. 비록 무성화의 꽃이 핀다 해도 수국 종류는 두 종류와 전혀 다른 범의귀과(Saxifragaceae)에 속하는 식물이다.

우리나라에 절로 나서 자라는 분꽃나무속(*Viburnum*) 식물에는 불두화와 백당나무, 가막살나무 등 9종류가 자라는데 가을이 되면 대부분 붉은색 열매를 맺는다. 불두화는 지방에서 '큰접시꽃나무'라고 부르고, 백당나무는 '청백당나무' 또는 '불두화'라고도 한다.

불두화는 화려한 흰 꽃으로 사람들의 마음을 설레게 하는 장점이 있지만 열매를 맺지 못하는 단점이 못내 아쉽다. 그래도 2가지를 다 할 수 있는 사촌격인 백당나무가 있으니 그나마 다행이라고 위안을 삼는다. 저만치 꽃 모양이 예쁜 튤립나무가 보인다.

산수국 (자색)

산수국 (흰색)

신나무

수국

나무수국 (© 지성사)

23

꽃이 백합을 닮은 튤립나무

딸아이가 다니던 고등학교 운동장의 튤립나무

특정한 지역이나 장소를 말하면 바로 떠오르는 상징물이 있다. 강원도 하면 감자, 부산 해운대 하면 피서지라는 것이 떠오르는 것처럼 말이다. 그 어려웠던 시절에 먹던 감자가 왜 아직도 강원도의 상징물이냐고 따질 수도 있겠지만, 대부분의 우리나라 사람들은 감자만 보면 강원도를 떠올린다. 지금은 제주도에서 생산되는 감자의 양이 꽤 되는데도 말이다. 어쨌거나 요즘은 이런 특색이 있어야 다른 지역 사람들에게 그 지역을 좀 더 알릴 수 있는 모양이다.

이런 상징물을 생각하면 나에게는 지금까지

튜울립나무

튜울립나무 줄기

도 아쉬운 일이 하나 있다. 딸아이가 다녔던 고등학교 운동장에 있었던 나무 이야기로, 지금 생각해도 아쉬움이 남는다. 그 학교 운동장에는 1923년에 심은 것으로 알려진, 어른 몇 명이 팔을 벌려 안아야 할 정도로 커다란 튜울립나무가 있다. 꽃이 작은 백합처럼 생겨 '목백합'이라고 부르기도 하는데 우리나라에서는 대부분 관상용으로 심어 재배하는 종류이다. 그 학교의 교목이 튜울립나무이며, 처음부터는 아니었겠지만 언제부턴가 축제 이름도 '백합제'가 되었다. 상징물과 잘 어울리는 이름이라 할 수 있다.

그러던 차에 최근 이 학교가 시내 외곽으로 이사를 했다. 시내 한복판에 있어 교통이 혼잡하고 건물도 낡아 이사를 추진하게 되었다는데, 졸업을 1년 앞두고 번쩍번쩍 빛나는 새 건물과 책상에서 공부를 하게 되니 공부가 저절로 되는 것 같다고 딸아이는 이야기했다. 그런데 새 건물로 이사를

1 2
3 **1** 튜울립나무 잎 **2** 튜울립나무 꽃 **3** 튜울립나무 열매

하고 난 후 이 학교의 상징물에 문제가 생겼다. 운동장에서 오랫동안 터줏대감 노릇을 해오던 튜울립나무를 가져오지 못했기 때문이다. 그 이유는 이랬다. 나무를 옮기려면 크레인이 필요하고, 이동하려면 시내를 통과해야 하는데, 크레인도 문제지만 나무의 너비가 너무 커서 도심 거리를 통과할 수 없더란다. 비행기로 운반하는 방법도 있지만 비용과 혹시 모를 안전 문제 때문에 결국 옮기기를 포기했다는 것이다. 이 얼마나 안타까운 일인

가. 새로운 나무를 심어 이만큼을 키우려면 또 수십 년이 걸릴 텐데, 생각할수록 아깝다.

튜울립나무 씨

튜울립나무는 잎부터 특이하게 생겼다. 나무의 잎들은 대부분 둥글거나 길쭉한 모양인데 이 나무는 손바닥처럼 넓적하고 가장자리가 칼로 자른 듯 수평으로 잘려 있다. 튜울립을 닮은 꽃은 녹황색으로 1송이씩 달리며 지름이 6센티미터 정도이다. 또 꽃받침 3장과 긴 타원형 꽃잎 6장으로 구성되어 있고, 안쪽에는 주황색 띠가 둘러싸고 있다. 열매는 여러 개의 암술이 성숙하여 꽃턱에 밀집해서 맺는데 익으면 끝이 날개로 되며 안쪽에 씨 1~2개가 들어 있다.

튜울립나무는 북아메리카가 원산으로 목련과(Magnoliaceae)에 속한다. 학명은 *Liriodendron tulipifera*로 속명 *Liriodendron*은 '백합'을 뜻하는 그리스어 leirion과 '나무'를 의미하는 dendron의 합성어로, 백합 같은 꽃이 피는 나무라는 뜻이며, 종소명 *tulipifera*는 '튜울립 꽃이 피어 있는'이란 뜻으로 꽃의 모양을 표현한 것이다. 우리나라에서 자라는 튜울립나무속(屬) 식물은 튜울립나무 1종뿐이며, 지방에서는 '목백합', '백합나무', '튤립나무'라고 부른다. 우리 이름도 꽃의 모양에서 유래한 것으로 생각된다.

튜울립나무는 꽃 색깔이 진하지 않고 잎이 크기 때문에 시기를 놓치면 꽃을 볼 수 없다. 그렇게 아름다운 모습을 왜 보여주려 하지 않는지는 잘 모르겠지만, 다시 생각하면 오히려 그것이 더 매력이 아닌가 싶다. 가을의 노란색 단풍도 기다려진다. 근처에 사철나무가 있다.

24

늘 푸른 버팀목 사철나무

아파트 울타리로 심은 사철나무

사철나무는 우리 이름에서 풍기는 느낌만으로도 꿋꿋한 지킴이 노릇을 할 것 같은 나무이다. 사계절 모두 볼 수 있다는 점뿐만 아니라, 잎이 지지 않는 늘푸른나무라는 점 또한 장점이다. 따라서 아파트와 도로를 경계 짓고 울타리 역할을 하는 경계수로 유명하다. 해마다 새로 올라오는 가지만 제대로 잘 라주고 잘 관리하면 삭막한 도시 풍경에서 벗어나 조금은 위안을 안겨주는 주인공 역할을 한다.

어릴 적 시골의 울타리는 잎이 뾰족한

소나무 종류인 노간주나무나 가시가 빽빽한 탱자나무가 대부분이었다. 잎이 뾰족하고 가시가 있어 도둑의 출입을 막을 수 있다는 이유에서였다. 하지만 요즘의 울타리는 꽃이나 잎 등 볼거리를 많이 제공해주는 것이 선택의 중요한 요인이 되었다.

최근 도시에서는 집 울타리를 없애는 가구에 대해 일정액의 지원금을 구청에서 지원해준다고 들었다. 인위적으로 세운 콘크리트 벽이나 사철나무 같은 경계수도 필요 없다는 얘기다. 창밖으로 보이는 시원함과 아름다운 도심 풍경은 물론이요, 지나가던 사람을 불러 물 한 잔 대접할 수 있는 여유를 갖자는 취지인 것 같다. 서로를 믿고 사는 세상, 우리가 추구해야 하는 바람직한 삶이다.

사철나무의 잎은 두툼하다. 겨울을 이겨내기 위한 전략도 되겠지만 늘푸른나무의 상징이기도 하다. 남쪽의 동백나무나 돈나무처럼 말이다. 6~7월

위
사철나무

아래
사철나무 줄기

사철나무 잎

사철나무 꽃

사철나무 열매

에 피는 꽃은 연한 황녹색의 꽃잎 때문에 관심을 기울이지 않으면 자칫 놓치기 쉽지만, 그래도 주렁주렁 매달린 1센티미터 정도의 동그랗고 예쁜 열매는 보는 이에게 즐거움을 안겨준다. 10월에 이 열매가 익어 껍질이 네 조각으로 열리면 안쪽에 종의(種衣)라는 붉은색 종자 옷으로 싸여 있는 씨가 보인다. 녹색의 잎과 붉은색의 종의가 절묘하게 조화를 이룬다.

사철나무는 노박덩굴과(Celastraceae)에 속하는 늘푸른떨기나무로, 학명은 *Euonymus japonicus*다. 속명 *Euonymus*는 '좋다'는 의미의 그리스어 eu와 '이름'이라는 뜻의 onoma의 합성어라 하기도 하고, 그리스 신화에 나오는 신(神)의 이름에서 따왔다고도 한다. 종소명 *japonicus*는 일본에서 자란다는 뜻인데, 우리나라에서 절로 나서 자라는 곳은 황해도 이남의 바닷가다.

사철나무보다 잎이 타원형이고 길이가 5~7센티미터인 것은 '무른나무'라고 하며, 잎 길이가 6~9센티미터로 긴 것은 '긴잎사철나무'라고 한다. 또 잎에 나 있는 반점이나 무늬의 형태가 다양한 원예종이 많이 개량되었다. 지방에서는 사철나무를 '겨우사리나무', '개동굴나무', '동청목', '넓은잎사철나무', '들축나무', '무른사철나무', '푸른나무' 등 여러 가지 이름으로 부른다.

겨울에 눈이 오면 대부분의 나무들은 앙상한 가지에만 눈이 소복이 쌓여 그다지 볼품이 없지만 사철나무는 좀 다르다. 지붕을 덮고 있듯이 하얀 눈덩이를 가득 얹고 있다가 눈이 햇볕에 녹아내릴 때면 미끄럼을 타듯 스르륵 떨어지는 소리가 정겹게 들린다. 또 가끔은 눈 속에서 빠끔 고개 내미는 붉은색 씨의 모습이 하얀 눈과 대비되어 거칠고 추운 겨울을 아름답게 장식하기도 한다. 이름 그대로 사계절 모두를 대표하는 나무임에 틀림없다. 사철나무가 울타리용으로 심어져 있는 아파트 다른 쪽으로 쉬땅나무가 보인다.

노간주나무

노간주나무 잎과 열매

탱자나무

탱자나무 꽃

돈나무

돈나무 꽃

동백나무

25

도심 속의 새 친구 쉬땅나무

시골에서 살던 어린 시절에 집과 밭 또는 아랫집과의 경계 표시를 위해 심은 나무는 노간주나무나 유실수가 전부였다. 노간주나무는 겨울철 새들의 소중한 보금자리가 되었고 유실수에 달리는 '고야', '자두', '개복숭아' 등은 더없이 반가운 간식거리였다.

도심의 아파트 경계 표시로 쇠파이프로 된 벽과 일률적으로 심은 사철나무, 흰말채나무, 칠엽수 같은 원예수종들을 보는 것과는 사뭇 다른 느낌이었다. 심지어 어떤 곳은 쇠파이프 경계 위에 철조망을 단단히 고정시켜 아무도 들어오지 못하게 해놓은 곳도 있으니, 도심의 삭막함은 이루 말할 수 없을 정도다.

요즘 이런 부분에 답답함을 느끼는 사람이 여럿 있는 모양이다. 아파트 주변 경계수종이 점차 달라지고 있으니 말이다. 아파트뿐만 아니라 산책로 주변에도 다양한 종류가 해마다 새롭게 선을 보이고 있고, 관심을 끄는

쉬땅나무

쉬땅나무 줄기

종류의 개체 수를 늘리는 전략을 펼치고 있다. 그중 대표적인 것이 '쉬땅나무'다. 꽃이 피면 순백색의 꽃 뭉치가 지나가는 사람을 유혹하기에 충분히 아름답고, 벌과 나비들이 몰려들어 덩달아 볼거리를 안겨준다. 쉬땅나무는 우리나라 중부지방 이북의 산골짜기 개울가 등 약간 습한 곳에서 볼 수 있으며, 키가 2미터 정도밖에 안 되는 아담한 나무이다. 어린 가지에는 별 모양의 털이 많고, 뿌리는 길게 뻗어 줄기를 많이 내기에 모여나는 것처럼 보인다. 줄기에 어긋나 달리는 잎은 작은 잎 13~23장으로 이루어진 복엽으로, 각각 넓은 피침 모양 또는 피침 모양이며 끝이 꼬리처럼 뾰족하고 가장자리에 겹톱니가 있다.

흰색으로 핀 꽃은 가지 끝에 여러 송이가 모인 총상꽃차례[總狀花序]로 꽃 모양이 화려하다. 꽃받침 조각과 꽃잎은 각각 5장씩이며, 수술은 40~50개로 꽃잎보다 길어 뾰족한 바늘이 튀어나온 것처럼 보인다. 열매는 골돌(蓇葖)로 길이는 6밀리미터 정도이고, 모양은 긴 타원형이며 겉에 털이 많다.

쉬땅나무는 장미과(Rosaceae)에 속하며 학명은 *Sorbaria sorbifolia* var. *stellipila*이다. 속명 *Sorbaria*는 마가목속(*Sorbus*)과 비슷한 잎을 가졌다는 데서 유래하였으며, 종소명 *sorbifolia*도 마가목속(屬)의 잎과 같다는 의미이고, 변종소명 *stellipila*는 별 모양의 털이 있다는 뜻이어서 어찌 보면 마가목과 특징이 비슷한 종류로 생각하기 쉽다. 그러나 마가목은 마가목속(*Sorbus*)이므로 속이 다르다. 더 상위 계급을 비교해본다면 쉬땅나무는 조팝나무아과

쉬땅나무 잎

쉬땅나무 꽃

쉬땅나무 열매

(Spiraeoideae)에, 그리고 마가목은 능금나무아과(Maloideae)에 속해 전혀 다르다. 이 두 아과의 차이점은 특히 열매의 모양인데 전자는 골돌, 수과, 핵과, 삭과 등 다양하지만, 후자는 사과나 배 같은 이과(梨果)여서 더욱 뚜렷이 구별된다.

우리나라에서 볼 수 있는 쉬땅나무속(屬) 식물에는 쉬땅나무, 청쉬땅나무, 점쉬땅나무, 좀쉬땅나무 등 4종류가 있다. 잎 뒤에 선점(腺點)이 있는 것을 '점쉬땅나무'라 하고, 꽃이 피는 시기에 잎 뒤에 털이 없는 것을 '청쉬땅나무'라 하여 품종으로 취급한다. 좀쉬땅나무는 쉬땅나무보다 수술의 수가 20개 정도로 적으며, 최근에 분포가 기록된 종류이다.

쉬땅나무는 지방에서 '개쉬땅나무', '마가목', '법쉬나무', '쉬나무'라 부르기도 한다. 쉬땅나무라는 우리 이름은 수수깡을 뜻하는 평안도 방언 '쉬땅'에서 왔는데 꽃차례가 수수의 이삭같이 생겼다는 데서 유래하였다.

쉬땅나무는 사철나무처럼 늘푸른나무는 아니지만 흰 꽃과 특이하게 생긴 잎, 그리고 가을 단풍이 멋진, 삼박자를 갖춘 나무다. 우리나라에서 자라는 다른 나무들도 잘 살펴본다면 모두 이런 특징을 가지고 있지 않을까? 앞으로도 새로운 식물 자원이 계속해서 발굴되기를 기대해본다. 근처 집 담장 너머에 구기자나무가 보인다.

좀쉬땅나무

마가목

26

쓰임새가 많은 구기자나무

5가지 맛을 갖고 있어 이름 붙였다는 오미자의 곁에는 친한 친구처럼 늘 따라다니는 구기자가 있다. 이 열매들은 옛날부터 왕들의 장수 비결로도 유명한데, 실제로 영조는 오미자 차를, 그리고 진시황은 구기자 차를 즐겨 마셨다고 한다.

그런데 식물학적으로 따지면 오미자는 목련과(Magnoliaceae)에 속하거나 최근에 독립된 과인 오미자과(Schisandraceae)에 포함되고, 구기자나무는 감자 · 고추 · 꽈리 · 담배 · 까마중 · 가지 등이 포함되는 가지과(Solanaceae)에 속하는 전혀 다른 종류임에도 이 두 가지가 자주 함께 입에 오르내리는 것은 아이러니하다.

어쨌든 구기자나무라는 이름은 어렸을 때부터 항상 들어서 그런지 생소하지 않지만 이름에서 풍기는 멋은 그리 좋지 않다. 자라는 곳만 보아도 도심 주변에서는 좁은 벽 틈새를 비집고 나와 불쌍하기까지 하지만, 시골

구기자나무

에서는 약으로 쓰기 위해 마당 주변의 빈터에서 자라니 그나마 다행이다. 우리나라 최대의 구기자나무 재배지는 진도라고 하는데, 그 밖의 지역에서는 눈에 띄는 개체들이 그다지 많지 않아 흔하게 볼 수 있는 종류는 아니다.

구기자나무는 줄기가 비스듬히 자라 커보이지는 않지만 기대어 자랄 수 있는 곳에는 4미터까지 길게 자라기도 한다. 가지에는 대부분 가시가 나 있어 매우 조심해야 한다. 잎은 어긋나 달리거나 여러 장씩 모여 달리기도 하며,

구기자나무 줄기

구기자나무 잎

구기자나무 꽃

구기자나무 꽃과 열매

달걀 모양이나 달걀 모양의 피침형으로 털이 없고 가장자리는 밋밋하며, 1센티미터 정도의 잎자루가 있다.

꽃은 6~9월에 걸쳐 자주색으로 피고, 대략 1센티미터 길이에 끝이 5갈래로 갈라진 꽃이 1~4송이씩 잎겨드랑이에 달린다. 안쪽에는 수술 5개와 1개의 암술이 있어, 위에서 꽃을 내려다보면 자주색 천에 순백색의 무늬를 수놓은 듯이 아름답다. 길이가 2센티미터쯤인 열매는 달걀 모양의 원형 또는 긴 타원형으로 8~10월에 붉은색으로 익는다.

구기자나무의 학명은 *Lycium chinense*이다. 속명 *Lycium*은 중앙아시아의 리키아(Lycia)에서 자라는 가시가 많은 떨기나무인 리키온(lycion)이란 식물의 그리스어에 기초해 가시가 있다는 것을 표현한 것이며, 종소명 *chinense*는 중국에서 자란다는 뜻이다.

우리나라에서 자라는 구기자나무속(屬) 식물은 구기자나무 1종뿐이다. 구기자나무라는 우리 이름은 헛개나무와 버드나무에서 유래하였다고 한다. 즉, 구기자나무의 가시는 헛개나무를 뜻하는 호깨나무와 비슷하다 하여 호깨나무 '구(枸)' 자와 줄기 모양이 버드나무를 닮아 버드나무 '기(杞)' 자를 함께 써서 '구기'라고 부르게 된 것이 그 시초라고 한다.

지방에서는 '구기자'라고 부르기도 하며, 어린순은 나물로 하거나 차로 만들어 마신다. 한방에서는 열매를 구기자(拘杞子)라고 하며, 뿌리의 껍질은 지골피(地骨皮)라 한다. 구기자는 면역력을 높이고 허약한 음기를 보충하는 데 도움이 되며, 지골피는 몸이 허약해 식은땀이 나거나 폐결핵으로 인한 해수, 천식, 출혈에 효과가 있고 혈압과 혈당을 내리는 데 쓰이는 것으로 알려져 있다.

구기자나무는 집 근처나 냇가 주변에서 자라서인지 우리에게 친숙한 식물이다. 또 쓰임새도 여러 가지라고 하니 역시 두루두루 널리 알려질 만한 식물이다. 구기자나무 옆 담벼락에 담쟁이덩굴이 자란다.

오미자 꽃

오미자 열매

헛개나무

버드나무

27

벽 타고 올라가기의 최고 담쟁이덩굴

어릴 때 거머리는 공포의 대상이었다. 모내기를 하거나 잡초를 뽑으려고 논에 들어가면 겨우 몇 분도 지나지 않았는데 종아리에 길고 검은 물체가 떡하니 붙어 있었다. 바로 거머리다. 가만히 놔두면 거머리 배가 점점 더 터질 것같이 부풀어 처음보다 훨씬 더 흉측한 모습으로 변한다. 거머리가 이렇게 쉴 새 없이 피를 빨아낼 수 있는 이유는 몸 양쪽에 있는 흡착성의 빨판과 침샘에서 분비하는 혈액응고 억제제 히루딘(hirudin)이라는 물질 때문이다.

그런데 식물 중에도 거머리의 빨판처럼 다른 물질에 잘 달라붙는 기관을 가진 종류가 있다. 콩과(Fabaceae)의 '완두콩'이나 포도과(Vitaceae)의 '담쟁이덩굴'이다. 이들은 잎이나 줄기가 변형된 덩굴손이 있어 다른 물체를 감고 오르거나 타고 오르기 쉽다. 이 중 담쟁이덩굴은 뿌리의 흡착이 좋고, 줄기 끝의 덩굴손은 갈고리 형태의 흡착근(吸着根)으로 되어 있어 식물

담쟁이덩굴

담쟁이덩굴 줄기

체는 물론이고 벽이나 돌 또는 담장 같은 인공적인 구조물도 타고 올라가기 쉽게 되어 있다. 벽에 붙어 있는 덩굴 끝을 손으로 잡아당기면 몇 미터는 족히 딸려 나오는데 원줄기 주변으로 작은 실뿌리들이 사방팔방으로 나 있다. 또 가지를 많이 치는 줄기는 한 번 정착하면 벽이나 담장 전체를 뒤덮을 만큼 빠른 속도로 넓게 퍼져 나간다.

담쟁이덩굴이라는 우리 이름도 담장 등을 잘 뒤덮는 넝굴식물이라는 의미로 붙인 것 같다. 담쟁이덩굴은 잎이 낙엽성이라 녹음의 계절 녹색과 붉은색의

1 2
3 4 **1** 담쟁이덩굴 줄기와 어린순 **2** 담쟁이덩굴 잎 **3** 담쟁이덩굴 꽃줄기 **4** 담쟁이덩굴 열매

가을 단풍을 모두 볼 수 있다. 잎은 넓은 달걀 모양으로 길이는 10~20센티미터로 크게 자라고, 끝이 3갈래로 갈라져 마치 포도나무 잎처럼 생겼으며, 잎자루가 길고 가장자리에 작은 톱니가 있다. 가끔 잎자루가 작은 잎 3장으로 이루어진 복엽이 나오기도 한다. 가지가 달리는 줄기의 겨드랑이나 가지 끝에 취산꽃차례[聚散花序]로 달린 꽃은 대부분 커다란 잎으로 뒤덮여 있어 잘 보이지 않는다. 꽃은 황록색으로 매우 작고 꽃잎과 수술은 각각 5개이며 암술은 1개이다. 작은 포도알처럼 생긴 열매는 길이가 6~8밀리미터에 흰색 가루로 덮여 있으며 가을이 되면 검은색으로 익는다.

담쟁이덩굴의 학명은 *Parthenocissus tricuspidata*이다. 속명 *Parthenocissus*는 '처녀'를 뜻하는 그리스어 parthenos와 '담쟁이덩굴'을 의미하는

미국담쟁이덩굴

cissos의 합성어이다. 종소명 *tricuspidata*는 3갈래로 나눠지며 끝이 뾰족하다는 뜻이 있어 잎의 모양을 표현하고 있다.

우리나라에서 볼 수 있는 담쟁이덩굴속(屬) 식물로는 담쟁이덩굴과 미국담쟁이덩굴이 있다. 최근 급속도로 퍼져 나가고 있는 북아메리카 원산의 외래종인 미국담쟁이덩굴은 도로 주변 조경용으로 많이 재배되고 있으며, 작은 잎 5장으로 이루어진 복엽이라 담쟁이덩굴과는 차이가 있다. 담쟁이덩굴은 지방에서 '담장넝쿨', '담장이덩굴', '돌담장이'라고 부른다.

언젠가 강원도 철원으로 주상절리를 보러 간 적이 있다. 강 주변의 산을 깎아 만든 것처럼 주상절리가 시원하게 뻗었는데, 그 위를 담쟁이덩굴이 덮고 있었다. 가을이라 단풍이 붉게 든 잎들이 흐르는 강물과 어우러져 멋진 풍경을 연출했다. 가을 풍경의 주인공 몫을 충분히 해내는 식물이다. 저만치 자귀나무가 보인다.

임진강변 주상절리의 담쟁이덩굴 단풍

28

잎의 수면운동이 재미있는 자귀나무

가끔 이상하게 생긴 식물의 꽃이나 잎을 보면 깜짝깜짝 놀랄 때가 있다. 가장 일반적인 꽃은 꽃잎과 수술, 암술, 꽃받침, 꽃받기가 있어 완전화, 즉 갖춘꽃이지만 어떤 종류는 이런 기본적인 기관을 갖지 못해 못갖춘꽃이기도 하다. 사실 우리가 꽃잎으로 알고 있는 것들 중에는 꽃의 보호기관인 포(苞)나 꽃받침이 변형된 것들도 많다. 식물의 수분 매개체를 위한 일종의 눈속임 작전이다. 같은 꽃이 피더라도 더 화려하다면 우리의 반응은 어떤가? 누구나 한 번 더 쳐다보게 마련이다. 장미나 백합꽃처럼 흔하게 보아서 이미 아름다움이 각인된 종류는 그렇다 하더라도 커다란 나무에 줄지어 피어 있는 꽃들은 볼수록 매력적이다.

자귀나무를 예로 들어보자. 작년에 맺은 열매가 봄바람에 하늘거리며 흔들거리는 것을 보면, 왜 이 나무는 봄이 되어도 아무런 반응이 없는 것일까 싶다. 혹시 얼어 죽은 것은 아닐까 걱정이 되기도 한다. 주변에 백목련이며 앵도나무, 개나리의 꽃은 이미 만개해 있는데……. 6월쯤 되어서야 겨우 마디에서 올라오는 자귀나무 잎을 보면 이미 화려한 봄 식물을 보아서인지 살아 있다는 안도감보다는 제대로 자랄까를 먼저 생각한다.

그러나 잎이 나오기 시작하면 매우 빠른 속도로 자란다. 다 자란 잎은 줄기에 어긋나게 달리는 복엽으로 이루어지고, 긴 타원형의 작은 잎은 언제나 짝수로 촘촘하게 마주난다. 자귀나무 잎은 주기적인 빛과 온도에 대한 반응으로 해가 지면 잎이 접히는 수면운동(睡眠運動)을 한다. 수면운동은 잎몸이나 잎자루에 있는 엽침(pulvinus)의 팽압(膨壓)이 빛의 양에 따라 조절되어 일어나는 것으로, 콩과 식물이나 괭이밥과 식물에서 흔히 나타나는 현상이다. 따라서 해가 나는 아침에는 잎이 아주 싱싱하지만 해가 지는 오후 시간이거나 해가 진 이후에는 병든 잎처럼 축 늘어져 있

위 자귀나무 **아래** 자귀나무 줄기

자귀나무 잎

자귀나무 잎의 밤의 모습 (© 지성사)

다. 식물의 수면운동은 광합성을 하지 않는 시간에 바람이나 해충으로부터 자기 몸을 보호할 목적이라고 하니, 영리한 식물이 아닌가 싶다.

마치 부채를 펼쳐놓은 것 같은 모양의 꽃은 화려함으로 치자면 둘째 가라면 서러워할 정도로 아름답다. 꽃은 작은 가지 끝에 5센티미터 정도 자란 꽃자루에 15~20송이가 산형꽃차례[傘形花序]로 달리고 서로 겹쳐 나 보인다. 종 모양인 작은 꽃부리는 5갈래로 갈라지며, 수술은 안쪽에 25개가량으로 위쪽은 붉은색을 띠고 아래쪽은 흰색이어서 전체적으로 꽃이 붉은색으로 보인다. 열매는 꼬투리로 편평하며 아까시나무 열매와 비슷하게 생겼고, 안쪽에 씨가 5~6개 들어 있으며 대부분 9~10월에 익는다.

자귀나무의 학명은 *Albizzia julibrissin*으로, 속명 *Albizzia*는 이탈리아 박

1 자귀나무 **2** 자귀나무 꽃 **3** 자귀나무 어린 열매 **4** 자귀나무 익은 열매

물학자 알비치(F. Degli Albizzi)를 기념하기 위해 붙였다. 종소명 *julibrissin*은 동인도의 한 지명에서 유래했다고 하고, 페르시아 언어 중 '실크 같은 꽃'이라는 의미의 단어 guliabrisham에서 유래했다는 설도 있다. 자귀나무라는 우리 이름은 잎이 축을 중심으로 좌우에 나는 모습, 즉 짝처럼 양쪽으로 난다는 뜻의 '짝나무'가 변형되어 자귀나무로 된 것 같다.

우리나라에서 볼 수 있는 자귀나무속(屬) 식물은 자귀나무와 왕자귀나무 등 2종류뿐이다. 왕자귀나무는 목포의 유달산에서 자라며 작은 잎 길이가 2~4.5센티미터로 크고, 수술이 30~40개로 많으며 꽃이 흰색이어서 자귀나무와 차이가 있다.

왕자귀나무

자귀나무의 잎은 펼치고 접히기를 반복하여 에너지를 많이 소모할 것 같아 안쓰럽기도 하지만 활짝 펼쳐져 있는 모습을 보면 대견하다. 붉은 꽃이 녹색 잎과 조화롭게 어울리는 모습에서 범상치 않은 나무임을 느낀다. 저 멀리, 꽃이 아름다운 인동이 보인다.

29

야생차로 환영받는 인동

요즘은 종마다 각각의 특징을 잘 살려 식용이든 약용이든 먹지 못하는 식물이 없을 정도이다. 씀바귀나 고들빼기처럼 오래전부터 우리의 먹거리와 친숙한 종류가 있는가 하면, 홈쇼핑 같은 광고 매체로 갑자기 인기를 끄는 종류도 있다. 이 중에서도 특히 야생화로 식용 차 만들기는 아주 흥미롭다. 어떤 사람은 차를 마시고 암을 치료했다, 심각했던 심장병이 회복되었다는 등 민간요법 홍보에 열을 올리기도 한다.

더불어 방송에서도 자연과 더불어 살아가는 사람들을 다루면서 이들이 먹고 마시는 음식을 주된 화제로 방송하고 있어 일반인들의 호기심을 자아내고 있다. 이미 알려진 것이야 크게 놀랄 것도 없지만, 전혀 쓰임새가 없을 것 같은 식물이 훌륭한 약재라고 할 때엔 놀라기도 한다. 그중 하나를 예로 들면 '인동'이 대표적이다. 지금은 고인이 된 전임 대통령이 즐겨 마셨다는 소문으로 한동안 불티나게 팔려 나갔던 야생차다. 요즘은 꽃

인동

인동 줄기

이 아름다워 화초로 개량된 원예품종들이 눈에 많이 띈다. 또한 가정집 꽃밭에 심기도 하여 나무나 벽을 타고 담장 너머로 흰색, 노란색, 붉은색 등의 꽃이 핀 모습이 제법 운치가 있다.

인동은 반 상록성인 덩굴식물로 대부분 다른 식물을 오른쪽으로 감고 올라가며, 털이 있고 속은 비어 있다. 잎은 넓은 피침형이나 달걀을 닮은 타원형으로 가장자리는 밋밋하고,

털이 있는 작은 잎자루에 매달려 있다. 하지만 어릴 때나 절로 나서 자라는 곳의 환경이 독특하면 가장자리가 갈라지기도 한다. 꽃은 1~2송이씩 잎겨드랑이에서 나오고, 포는 타원형 또는 달걀 모양으로 줄기에 마주나 달린다. 3~4센티미터의 꽃부리는 흰색으로 피었다가 벌이나 곤충의 꽃가루받이가 끝나면 노란색으로 바뀌며 끝이 5갈래로 갈라진다. 그중 1개는 깊게 갈라져 뒤로 말려 약간 비대칭으로 보인다. 꽃 색이 흰색에서 노란색으로 바뀌는 인동 꽃을 금은화(金銀花)라고 부르기도 한다. 꽃잎 안팎에는 털이 있고 5개의 수술과 1개의 암술이 갈라진 꽃잎 밖으로 돌출되어 있다. 크기가 콩알만 한 둥근 열매는 검은색으로 익는다.

인동은 인동과(Caprifoliaceae)에 속하며, 학명은 *Lonicera japonica*이다. 속명 *Lonicera*는 16세기 독일의 수학자이며 식물채집가인 아담 로니체르(Adam Lonitzer)를 기리기 위해 그의 이름에서 따왔으며, 종소명 *japonica*는 일본에서 자란다는 뜻이다. 인동과 달리 어린 가지와 잎에 갈색 털이 있는 것은 털인동, 잎 가장자리 이외에는 털이 없으며 위쪽 꽃잎이 절반 이상으로 갈라지고 표면이 붉은색을 띠는 것은 잔털인동이라 한다.

인동은 지방에서 '능박나무', '섬인동', '우단인동', '우단인동덩굴', '인동덩굴'이라 부른다. 민간에서 잎과 꽃은 이뇨, 건위, 해열, 소염제 및 늑막염에 사용한다. 인동이란 우리 이름은 중국의 한자 '인동(忍冬)'에서 따왔으며, 겨울을 참고 이겨낸다는 뜻이다.

얼마 전 어느 초등학생이 이메일을 보내왔다. 자기네 학교의 교화를 붉은색 원예품종의 인동으로 바꾸려고 한다며 될 수 있으면 우리나라에 절로 나서 자라는 종류였으면 좋겠으니 전문가의 의견을 달라는 내용이었

1 2
3 4
5

1 인동 잎 2 인동 어린잎(자라는 환경이 달라 가장자리가 갈라짐)
3 인동 꽃차례 4 인동 열매 5 인동 꽃

다. 백 번 천 번 옳은 말이다. 꼭 그렇게 되기를 바란다는 내용과 함께 장문의 답장을 보낸 적이 있다. 우리 식물 자원을 아끼고 사랑할 줄 아는 어린 친구인 것 같아 아직도 흐뭇한 기억으로 남아 있다.

인동은 줄기가 덩굴성이라 서로 엉켜 있는 곳에 꽃이 피면 마치 화분에 키우는 화초처럼 장관을 이룬다. 꽃 색깔도 흰색과 노란색이 서로 뽐내기라도 하듯 앙증맞게 핀다. 잎은 향기로운 차로, 꽃은 아름다움으로 손꼽는 정말 멋진 식물이다. 근처에 가시가 특이한 음나무가 있다.

30

개두릅 또는 엄나무로 잘못 불리는 음나무

삼복 때가 되면 누구나 몸에 좋은 보양식을 먹으리라 계획을 세우곤 한다. 30도가 넘는 한낮 더위에 높은 습도까지 겹치면 불쾌지수는 하늘을 찌를 듯 높고, 그러다 보면 친한 사람과 이야기를 나누다가도 별것 아닌 일에 한바탕 언쟁을 벌이곤 한다. 방송을 보면 기후변화에 따른 지구 온난화 현상으로 해마다 지표면의 온도가 올라가고, 집중호우 등 기상이변이 일어난다고 한다. 앞으로 얼마나 더 우리를 힘들게 할지 걱정이 앞선다.

음나무(강원도 삼척시 궁촌리, 천연기념물 제363호)

그런데 삼복더위를 이겨낼 몸에 좋은 음식을 추천하라면 어떤 것이 있을까? 가슴속까지 시원하게 하는 물

음나무

냉면이나 막국수도 좋겠지만, 우리나라 정서상 더위에는 이열치열을 외치며 땀을 뻘뻘 흘리면서 뜨거운 국물을 먹어야 제대로 보신이 된다는 풍습에서 더운 음식을 주로 찾는다. 삼계탕이나 닭백숙이 좋은 예인데, 이 음식은 남녀노소 누구나 좋아하는 국민 보양식이다. 그런데 이런 음식점의 간판에 삼계탕이나 백숙 앞에 '엄나무'가 종종 붙어 있다.

음나무 줄기

엄나무는 가지에 올라오는 새순을 두릅나무

1 2
3 4

1 음나무 어린순 **2** 음나무 잎 **3** 음나무 꽃차례 **3** 음나무 꽃

의 순처럼 이용하는 '개두릅'이라 불리는 나무로, 실제로는 '음나무'를 잘못 부르는 이름이다. 뿐만 아니라 음나무는 오래전부터 가시가 달린 가지나 줄기 껍질을 닭과 함께 끓여 먹으면 보양이 되는 건강식품으로 여겨왔다. 그래서인지 집 울타리나 화단 근처에 1~2그루씩 심어져 있는 것을 쉽게 볼 수 있다.

음나무는 높이가 20미터까지 크게 자라고, 줄기에 폭이 넓은 가시가 많이 달린다. 둥근 모양의 잎은 가지 끝에 모여 달리며 끝이 단풍나무 잎처럼 5~9갈래로 갈라지고, 잎자루는 10~30센티미터로 길다. 지름이 5밀리미터 정도로 작은 황록색 꽃은 꽃대에 작은 꽃자루 10개 정도가 사방으로 퍼진 끝에 산형꽃차례[傘形花序]로 달린다. 열매는 핵과로 둥글고 편평하며 10월에 검은색으로 익고, 안에 씨 1~2개가 들어 있다.

음나무는 우리와 친근한 가시오갈피, 인삼, 독활 등이 포함된 두릅나무과(Araliaceae)에 속한다. 학명은 *Kalopanax septemlobus*로, 속명 *Kalopanax*은 '아름답다'는 의미의 그리스어 kalos와 *Panax*(인삼속)의 합성어이며, 종소명 *septemlobus*는 7갈래로 얕게 갈라진다는 의미로 잎이 갈라지는 것을 표현한다.

음나무는 가시가 날카로워 귀신도 얼씬거리지 못하게 막아준다는 전설이 있다. 그래서 지방에서는 이 나무로 육각형의 노리개를 만들어 어린아이의 허리춤에 매달아줬다고 하며, 이 노리개를 '음'이라 했다고 한다. 그 뒤부터 '음'이라는 명패를 만드는 나무라는 데서 음나무의 이름이 유래했다고 한다.

우리나라에서 볼 수 있는 음나무속(屬) 식물에는 음나무, 털음나무, 가는잎음나무 등 3종류가 있다. 털음나무는 잎 뒷면에 털이 많이 나며, 가는잎음나무는 잎이 깊게 갈라지고 뒷면에 흰 털이 약간 있는 것으로 음나무의 변종으로 취급한다. 지방에서 음나무는 '개두릅나무', '멍엄나무', '당음나무', '멍구나무', '엄나무', '엉개나무'라고 부르기도 하며, 어린순은 나물로 하고 줄기 껍질은 요리 재료로 사용한다.

예전부터 두릅나무 순의 쓴맛이 신통치 않으면 좀 더 쓴맛의 개두릅을 찾았고, 이마저도 부족하면 옻나무 순을 먹었다고 한다. 음나무는 줄기에 가시가 많아 불편한 점도 있지만 봄이면 입맛을 돌아오게 해주고 여름이면 더위로 허약해진 몸의 기력을 북돋우는 능력을 가졌다. 풀 종류 중에 산삼이 최고라면 나무 중에는 음나무가 최고다. 주변에 나란히 줄지어 심어져 있는 모감주나무가 있다.

두릅나무 어린순

가시오갈피

인삼

독활

31

노란 꽃과
풍선처럼 생긴 열매가
보기 좋은
모감주나무

나의 대학원 지도교수님은 식물의 이름을 정확히 알아야 한다며, 그 과정에 대해 무척 엄격하셨다. 표본에 대한 동정(同定)이 시작되면 온갖 문헌을 동원하여 완전에 가까운 이름을 알아내기 위해 애쓰셨다. 어떤 때는 1종에 대한 동정이 하루도 모자라 이틀이 걸리기도 했고, 심지어는 동정 불가 판단을 내리는 표본도 있었다. 그때는 그 시간이 왜 그리 지루하고 힘들었는지 모르겠다. 지도교수님은 우리나라 식물의 분포에 대한 종합적 연구를 수행하셨고, 그러다 보니 특정한 과(科)나 속(屬)에 대한 것을 다룰 시간이 비교적 적은 편이었다.

그럼에도 그는 우리나라 고유종이나 제비꽃과(Violaceae), 그리고 모감주나무 같은 식물에 대해 남다른 관심을 가지셨다. 특히 모감주나무는 꽃과 열매가 예쁘고, 당시만 해도 강원도 춘천의 어느 초등학교에 1그루밖에 없었으며, 주로 강원도 이남지역에 분포하는 것으로 여겼던 식물이었다.

모감주나무

그런데 겨울에 영하 20도까지 내려가는 춘천에서 버티는 것이 신기해 더 애착을 가지셨던 것 같다.

모감주나무 줄기

지금은 춘천에 모감주나무가 주된 식물로 자라는 공원이 생겼고, 강릉 경포대의 호수 주변으로도 수십 그루가 한껏 뽐내고 있다. 지구 온난화에 따른 온도 상승이 이렇게 많은 개체가 자랄 수 있게 도와준 셈이다. 그러다 보니 모감주나무는 이제 전국에서 자라는 종류가

1 2
3 4
5

1 모감주나무 잎 **2** 모감주나무 꽃차례 **3** 모감주나무 꽃
4 모감주나무 열매 **5** 모감주나무 씨

되었다.

모감주나무 잎은 호두나무나 가래나무를 닮은 복엽이며 항상 홀수인 작은 잎 7~15장으로 이루어져 있다. 각각의 잎은 달걀 모양이나 달걀 모양의 긴 타원형으로 가장자리에 불규칙한 톱니가 있고, 뒷면 맥 위에는 털이 있다. 꽃은 25~35센티미터 긴 원추꽃차례[圓錐花序]에 총상으로 엉성

하게 달리며 꽃차례에는 털이 있다. 노란색 꽃 안쪽은 붉은색이 돌며, 꽃잎 4장이 위쪽을 향해 있어 아름답다. 꽃의 아름다움 때문인지 영어 이름도 Gold-rain tree로 황금비가 내리는 것 같은 모습의 꽃이 핀다는 뜻을 담고 있다. 열매는 삭과로 꽈리 열매처럼 생겼고 익으면 3갈래로 갈라지는데 안쪽에 둥글고 윤기가 나는 검은색 씨가 들어 있다. 이 씨앗은 스님들이 염주를 만드는 재료로 사용했다고 하여 지방에서는 '염주나무'라 부른다.

모감주나무는 무환자나무과(Sapindaceae)에 속하며 낙엽성인 작은큰키나무[小喬木]다. 우리나라에 분포하는 무환자나무과 식물은 모두 1속 1종으로, 초본인 풍선덩굴과 목본인 모감주나무와 무환자나무 3종류가 전부인데, 무환자나무는 모감주나무라 부르기도 한다. 따라서 모감주나무라는 우리 이름이 제주도나 전남지역에서 부르던 지방 이름이라는 이야기도

풍선덩굴

있지만, 『동의보감』에는 씨앗이 아픈 곳을 없애주는 약재로 사용되어 이름 붙였다는 무환자나무의 옛말인 '모관쥬'에서 비롯되어 두 종을 혼용해서 사용했던 것에서 이름이 유래했다고도 한다. 하지만 두 종은 서로 다른 속에 포함되어 있는데, 무환자나무속(屬)은 잎 가장자리에 톱니가 없고 씨방에 밑씨가 1개이며, 열매는 핵과처럼 생긴 분과여서 뚜렷하게 구별된다.

모감주나무의 학명은 *Koelreuteria paniculata*이다. 속명 *Koelreuteria*는 독일의 식물학자 쾰로이터(Joseph Gottlieb Kölreuter, 1734~1806)의 이름에서 유래했으며, 종소명 *paniculata*는 원추형(圓錐形)을 의미하는 것으로, 꽃차례를 표현한다.

지도교수님이 퇴임 전 심어놓은 학교 정원의 모감주나무가 무럭무럭 잘 자라고 있다. 작년에는 꽃이 피고 열매도 맺었는데 그 열매가 해를 넘어서까지도 주렁주렁 매달려 있다. 꽃이 피는 날 근사한 파티를 하자던 말씀이 생각난다. 하지만 최근 다른 지역으로 이사를 가셨으니, 미처 챙겨드리지 못한 것이 못내 아쉬움으로 남는다. 주변 주택 안에 배롱나무가 심어져 있다.

32

모과나무 줄기를 닮은 배롱나무

우리나라에서 '녹차' 하면 떠오르는 장소로 전라남도 보성을 꼽을 수 있다. 잘 가꾸어진 녹차 밭을 보고 있노라면 가슴이 후련하고 상큼해진다. 직접 체험을 해보지는 못했어도 차창 너머로 멀리서 바라보았던 기억이 있다. 이 녹차를 만들 수 있는 차나무의 재배지가 전국으로 확대되어가고 있다. 강원도 고성에서도 차나무의 월동이 가능하다고 하니

차나무

감나무

배롱나무

배롱나무 줄기

전국이라는 말이 무색하지 않다. 모두 기후변화에 따른 지구 온도의 상승이 주된 원인이라 할 수 있겠다.

차나무뿐만 아니라 감나무도 그렇다. 겨울을 이기지 못해 동사하던 묘목들이 춥기로 유명한 강원도 춘천에서도 가을이면 감을 주렁주렁 매달고 있다. 어디 이것뿐이랴. 다양한 색깔의 화려한 꽃과 열매를 감상하기에 더할 나위 없어 남쪽 지방에서 가로수나 정원수로

배롱나무(연한 홍자색)

배롱나무(분홍색)

배롱나(흰색)

각광 받은 배롱나무도 마찬가지다.

미국에서의 경험이다. 시시각각으로 변하는 아열대성 기후 지역인 플로리다에서는 1년 내내 꽃을 볼 수 있다. 특히 내가 1년 동안 살았던 게인즈빌은 플로리다 북쪽 내륙에 위치하고 있고 플로리다 대학을 중심으로 형성되어 그리 크지는 않지만 자연과 건물의 조화가 돋보이는 예쁜 도시이다. 특히 도시 안쪽에는 조경사들의 작품인지는 모르겠지만, 식물을 전공하는 나로서도 그토록 많은 종류에 대한 분류학적 연구를 하거나 하나하나 이름을 알아내기에도 벅찰 정도로 다양한 식물들이 살고 있었다.

7월 중순이면 도로 주변이나 아파트 근처에 꽃 색깔이 형형색색인 배롱나무가 단연 눈에 띄었다. 배롱나무는 꽃이나 열매의 무게를 이기지 못해 가지나 꽃줄기가 아래로 늘어지기도 하고, 바람이 불면 춤을 추듯 흔들거리기도 한다.

배롱나무 잎

배롱나무 꽃 (© 지성사)

배롱나무 열매

우리나라에서는 어떤가? 항상 남쪽에서만 봐왔던 터라 마치 남쪽에서만 자라는 나무라고 생각하지만 이제는 서울 이북지역에서도 월동이 가능하다. 내가 사는 지역 사람들은 이렇게 화려한 꽃을 접할 기회가 많지 않아서인지 앞다투어 배롱나무를 심는 집이 늘어난다고 한다. 내 아내도 집을 짓는다면 반드시 배롱나무를 심겠다고 하니 인기가 상상이 된다.

이제 배롱나무에 대해 자세히 살펴보자. 높이는 5미터까지 자라며 줄기는 연한 홍자색으로, 오래된 껍질은 부분적으로 벗겨지는데 떨어져 나간 자리가 흰색으로 남아 전체가 얼룩덜룩하게 보여 눈에 확 띈다. 잎은 대부분 마주나고 윤기가 있지만 잎자루는 거의 없으며 타원형 또는 달걀을 거꾸로 세워놓은 모양이다. 꽃은 가지 끝에 원추꽃차례[圓錐花序]로 달리는데 길이는 10~20센티미터로 길고 기본 종의 꽃은 붉은색이다. 꽃잎과 꽃받침은 각각 6장씩이며 꽃잎은 주름이 많이 져 있고 안쪽에 수술 20~40개와 암술 1개가 들어 있다. 열매는 삭과로 넓은 타원형이며 길이는 1~1.3센티미터로 10월에 익으면 6갈래로 갈라진다.

백일홍

배롱나무는 부처꽃과(Lythraceae)에 속하며 학명은 *Lagerstroemia indica*이다. 속명 *Lagerstroemia*는 린네(Linne)의 친구인 스웨덴의 학자 망누스 폰 라예르스트룀(Magnus von Lagerstroem, 1696~1759)을 기리기 위해 붙였으며, 종소명 *indica*는 인도에서 자란다는 뜻이다. 우리나라에서 볼 수 있는 배롱나무속(屬) 식물은 1종밖에 없으며 모두 재배되고 있고, 배롱나무보다 꽃 색깔이 흰색인 것은 흰배롱나무라 하여 품종으로 취급한다.

배롱나무는 꽃이 오랫동안 피어 있어 지방에서는 '백일홍' 또는 '백일홍나무'라 부르기도 하는데, 우리 이름도 백일홍나무로 불렸던 것이 시간이 지나면서 바뀐 결과라고 한다. 화초로 재배하는 백일홍이라는 초본 또한 꽃이 오래가기로 유명하다. 한해살이풀임에도 6~10월까지 피며, 꽃이 핀 후로도 오랫동안 꼿꼿함을 유지한다.

배롱나무는 특히 절 근처에 많이 심는데 그 이유는 속세의 모든 짐을 벗듯이 수피(樹皮)가 벗겨져서 그렇다는 이야기가 있다. 항간에서는 '간지럼나무' 또는 '간즈름나무'라고도 하는데 껍질이 얇아 잘 벗겨지고 나무껍질을 손으로 긁으면 잎이 조금씩 움직이는 듯 흔들린다 하여 붙인 이름이라고도 한다. 배롱나무는 중국이 원산지이지만 전 세계적으로 인기 있는 가로수종이다. 우리나라에 절로 나서 자라는 나무에서도 이런 영광을 누릴 수 있는 종류가 하루빨리 나왔으면 하는 바람이다. 길 주변으로 회화나무가 보인다.

33

한여름 꽃잎 길을 깔아주는 회화나무

장마철이 되면 모든 것이 귀찮아진다. 우산을 가져가야 하는지, 비가 언제, 얼마나 올지 등등 신경을 써야 할 것이 많아지기 때문이다. 이맘때면 식물들도 잠시 생장을 조절하는지, 주변에 꽃을 볼 수 있는 종류가 드물다. 여름 식물들이 본격적으로 뜨거움과 사투를 벌일 준비라도 하는 것일까? 집 주변 가로수들도 녹색 잎만 흔들거릴 뿐 봄철 꽃이 필 때처럼 화려함은 없다. 조금 삭막하다는 표현이 맞을지도 모르겠다.

이런 허전함을 채워줄 식물은 없을까? 하필이면 장마철이 꽃피는 시기라 오래 버티지는 못하지만, 그래도 황백색 꽃을 피워 사람들의 마음을 설레게 하는 종류가 있다. 중국이 원산지이지만 마을 근처나 도심 근처에 정원수나 가로수로 심어져 있는 '회화나무'다. 키가 15~25미터까지 크게 자라고, 짧은 흰색 털이 가득 나 있는 어린 가지를 자르면 냄새가 나기에 찾기도 쉽다.

회화나무

회화나무 줄기

회화나무는 줄기가 회색을 띤 검은색으로 껍질에 세로로 갈라진 골이 파여 있다. 잎은 줄기에 어긋나 달리는데 아까시나무 잎과 비슷한 복엽이며 작은 잎 7~15장으로 이루어져 있다. 작은 잎 하나하나는 달걀 모양 또는 달걀을 닮은 타원 모양으로, 끝이 뾰족하고 밑부분은 둥글며 가장자리에는 톱니가 없어 밋밋하다. 꽃은 8월에 황백색으로 피고 가지 끝에 원추꽃차례[圓錐花序]로 달린다. 꽃차례는 대부분 하늘을 향해 위로 피며 길이는 15~30센티미터로 길고, 짧은 털이 있다. 꽃은 길이가 12~15밀리미터로 작고, 꽃받침에는 둔한 톱니가 5개 있으며, 가장자리에 흰색 털이 많다. 꽃을 구성하는 위쪽 부분인 기판(旗瓣)은 길이가 짧고 양쪽 측면의 익판(翼瓣)은 타원형으로 가장 아래에 위치한 용골판(龍骨瓣)을 감싼다. 길이 5~8센티미터의 열매는 꼬투리로 염주처럼 튀어나와 있으며 10월에 익는다.

회화나무의 학명은 *Sophora japonica*이다. 속명 *Sophora*는 린네가 어떤 식물의 아랍 이름을 변형하여 사용한 것이라고 하며, 종소명 *japonica*는 일본에서 자란다는 뜻이다. 우리나라에서 볼 수 있는 고삼속(*Sophora*) 식물에는 고삼과 회화나무의 2종류뿐으로, 고삼은 여러해살이풀이고 꽃차례가 총상꽃차례[總狀花序]로 피어 회화나무와는 차이가 있다.

회화나무는 지방에서 '과나무' 또는 '회나무'라 부르기도 하며, 한방에서는 꽃봉오리를 괴화(槐花), 열매를 괴각(槐角), 가지를 괴지(槐枝), 그리고 잎을 괴엽(槐葉)이라 하며 다양하게 쓴다. 괴화, 괴각, 괴지는 출혈을 멈추게 하고

회화나무 잎

회화나무 꽃차례

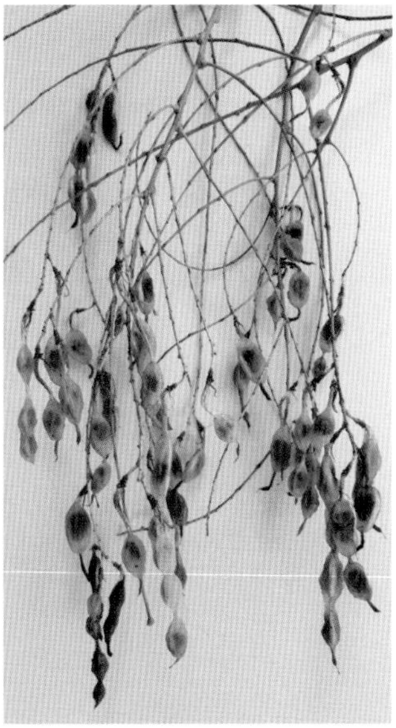
회화나무 열매

①②③ **1** 회화나무(강원도 삼척시 죽서루, 나이 350년, 둘레 2.7미터, 높이 19미터) **2** 고삼 **3** 길에 떨어진 회화나무 꽃

두통을 없애는 작용을 하며, 괴엽은 치질에 효과가 있는 것으로 알려졌다.

회화나무는 천 원짜리 지폐의 뒷면에도 등장한다. 창덕궁과 경남 함안군의 회화나무는 천연기념물이며, 옛날 과거에 합격하면 집에 회화나무를 심었다고 하니 예로부터 우리와 친숙한 나무였다. 회화나무를 뜻하는 한자 '괴(槐)'는 나무(木)와 귀신(鬼)을 합친 글자로 집이나 서원, 향교 등에 심으면 잡귀를 물리친다고 알려져 널리 심었던 것이 지금까지 남아 있게 된 것이라고 한다. 회화나무라는 우리 이름도 '괴화나무'에서 유래한 것으로 추측하고 있다.

회화나무의 꽃잎이 떨어져 거리의 바닥이 온통 황백색으로 변한 것을 본 적이 있다. 하얀 눈이 내린 뒤 아무도 지나가지 않은 곳에 발자국을 남기듯 조심스럽게 그곳을 걷는데 때마침 불어온 바람에 꽃비까지 내려 마치 영화 속의 한 장면에 내가 서 있는 듯한 착각이 들었다. 잠시였지만 한여름의 무더위를 잊은 마법 같은 순간이었다. 길 주변 담장 너머로 두릅나무가 있다.

34

봄나물의 대명사 두릅나무

봄이 되면 겨우내 잃었던 입맛을 되찾으려고 봄나물을 찾는 사람들이 많아진다. 명이나물로 잘 알려진 독특한 향의 산마늘이나 참취 같은 산나물이 있는가 하면, 회잎나무나 다래나무처럼 나무에 올라오는 새순을 고급 산채로 이용하기도 한다. 재미삼아 이 나물을 찾아 산으로 오르는 것도 좋지만 쉽고 흔한 것을 찾아보라면 도시의 단독주택이나 시골집의 울타리 근처에서 항상 만날 수 있는 '두릅나무'가 아닐까 한다.

한동안 너 나 할 것 없이 두릅 순을 따서 판매하다 보니 어느 곳 하나 다르지 않은 식상함으로 실망할 때도 있었지만, 앞서가는 사람은 두릅나무 가지를 조금씩 잘라 묶어서 수경재배 형태로 판매하는 새로운 기법을 소개하기도 했다. 보기에 좋은 떡이 먹기에도 좋은 법이라 했으니, 야생 두릅나무에서 갓 따온 순의 신선함과는 비록 견줄 수 없다 하더라도 나름 성공한 셈이다. 시원한 막걸리 한 사발을 들이켠 후 가시가 듬성듬성 난

두릅나무

잘 데친 어린순을 초고추장에 찍어 입에 한가득 넣으면 세상천지에 부러울 것이 없었다. 봄을 맞이하는 즐거움 가운데 하나가 아닐 수 없다.

두릅나무는 높이가 3~4미터까지 자라며 줄기에 튼튼한 가시가 많이 난다. 잎은 가지 끝에 모여 어긋나 달리는데 다 자라면 1미터까지 커지고, 복엽을 이루는 여러 장의 작은 잎들은 넓은 달걀 모양 또는 타원 모양으로 끝이 뾰족하고 톱니가 있으며 뒷면은 약간 흰색

두릅나무 오래된 줄기

1 두릅나무 어린줄기와 가시 **2** 두릅나무 순 **3** 두릅나무 잎 **4** 두릅나무 꽃차례 **5** 두릅나무 꽃
6 두릅나무 열매

을 띤다. 꽃은 8월에 흰색으로 피고 전체적으로 가지 끝에 복총상꽃차례[複總狀花序]로 달리는데, 작은 꽃차례의 끝은 산형꽃차례[傘形花序]로 짧은 갈색 털이 있다. 꽃이 많이 달려 활짝 필 때는 마치 벌집이 이사 온 것처럼 많은 벌들이 꿀을 따러 몰려든다. 따라서 열매도 많이 달리는데 작고 둥근 모양의 장과(漿果)가 10월에 검은색으로 익으면 마치 우산으로 나무 위를 덮어씌운 듯이 보인다.

두릅나무의 학명은 *Aralia elata*이다. 속명 *Aralia*는 캐나다 퀘벡의 의사인 사라신(Sarrasin)이 보낸 표본에 프랑스의 식물학자 투르네포르(Tournefort)가 붙인 지방명이고, 종소명 *elata*는 '높다'는 뜻이다. 우리나라에서 자라는 두릅나무속(屬) 식물에는 땅두릅, 독활, 두릅나무, 애기두릅나무 등 4종류가 있다. 두릅나무에 비해 잎 뒷면에 회색 또는 노란색의 털이 가득 나 있는 개체는 애기두릅나무라 하여 품종으로 취급한다.

두릅나무는 지방에서 '둥근잎두릅', '둥근잎두릅나무', '드릅나무' 또는 '참드릅'이라 부른다. 때로는 '목두채(木頭菜)'라고도 하는데 이는 나무 머리를 뜻하는 가지 끝에 달리는 나물이란 뜻으로, 새순을 식용으로 하는 데서 따온 이름으로 보인다.

두릅나무라는 우리 이름은 모양이 비슷한 '독활'이란 식물에서 유래한 것으로, 『동의보감』에 등장하는 '둘훕'이 변형되어 두릅이라 불리게 되었다고 한다. 독활은 여러해살이풀로 줄기에 가시가 없고 암술 기부가 서로 붙어 있어 두릅나무와는 차이가 있다. 두릅나무의 뿌리 껍질과 줄기 껍질은 한방에서 '자노아(刺老鴉)'라 하여 피로를 가시게 하고 면역 기능을 활성화하며 혈압을 낮추는 데 사용한다고 하니, 어린순을 식용으로 하는 것

뿐만 아니라 약용으로의 활용도 많아 기능성이 좋은 우리 식물 자원이라 할 수 있다.

민통선에 조사를 갔을 때 둘레가 두 뼘이 넘는 두릅나무를 만났던 적이 있다. 인적이 없는 곳이라 마음껏 아름드리로 자란 나무를 보니 조만간 우리 주변에서도 이런 큰 나무들을 많이 볼 수 있었으면 좋겠다는 생각이 든다. 매년 가지가 잘려 나가 나래를 펼 기회조차 얻지 못하지만 인간의 이기심을 조금만 억누른다면 멋진 모양의 나무로 거듭날 수 있으리라 믿는다. 주변에 사위질빵이 보인다.

산마늘 잎

참취 어린 잎

회잎나무 어린 잎

다래나무 잎

독활

35

장모의 사랑이 느껴지는 사위질빵

우리 속담에 '사위 사랑은 장모 사랑'이라는 말이 있다. 처가에서 사위는 백년손님이라고는 하지만, 요즘은 본가나 처가나 거의 처지가 비슷해진 듯하다. 사돈 간에도 예전과는 달리 친구나 친한 이웃처럼 지내는 집도 많아진 것 같다. 사위가 오면 씨암탉을 잡는다는 말도 이젠 옛날 이야기가 되었는데, 그래도 이런 전통은 좋다고 생각하기에 내 사위에게는 씨암탉이 없으면 대신 통닭이라도 대접할 생각에 이 식물을 주제로 정했다. 바로 '사위질빵'이라는 종류다. 이 식물은 사위를 아끼는 장모가 사위가 질 지게에 무거운 짐을 얹지 못하게 하려고 약한 덩굴줄기로 지게 질빵을 만들어줬다고 하여 붙인 이름이라고 한다. 그래서 지방에서는 '질빵풀'이라 부르기도 한다. 사위의 몸이 약해서 그럴 수도 있겠지만 사위를 사랑하는 장모의 마음이 고스란히 느껴진다.

그렇다면 사위질빵의 줄기는 얼마나 약할까? 강약을 따질 필요도 없이 이 식물은 명색이 나무의 한 종류로 덩굴성이다. 줄기는 3미터까지 길게 자라며 줄기에 각이 지고 짧은 털도 나 있다. 덩굴성이므로 근처에 감고 올라갈 나무나 벽만 있으면 얼마든지 줄기를 뻗어 감아 올라간 나무의 잎과 꽃이 어느 것인지 찾기 힘들 만큼 요란하게 덩굴을 만든다. 줄기가 약하다는 표현이 무색할 정도로 말이다.

사위질빵

잎은 줄기에 마주나고 작은 잎 3장으로 이루어진 복엽에 긴 잎자루가 있고, 작은 잎은 넓은 달걀 모양으로 끝이 뾰족하고 가장자리에 톱니가 있다. 꽃은 7~9월에 피며 잎겨드랑이에 원추꽃차례[圓錐花序]나 취산꽃차례[聚繖花序]로 달리는데, 꽃자루의 길이는 5~12센티미터이다. 꽃잎은 없고 꽃받침 조각은 5장으로 긴 타원이나 피침처럼 생겼지만 전체적으로 달걀을 거꾸로 세워 놓은 모양이고, 색깔은 흰색이며 겉에 잔털이 있다. 열매는 수과(瘦果)로 5~10개씩 모여 달리는데 그 모양이 마치 수레를 닮았다 하여 '수레나물'이라 부르기도 한다. 열매 각각에는 흰색 또는 연한 갈색 털이 있는 1센티미터 정도의 암술대가 붙어 있고 9월에 익는다.

1 사위질빵 잎 2 사위질빵 꽃차례 3 사위질빵 꽃 (© 지성사) 4 사위질빵 열매

사위질빵은 미나리아재비과(Ranunculaceae)에 속하며, 학명은 *Clematis apiifolia*이다. 속명 *Clematis*는 '어린 가지'를 뜻하는 그리스어 clema의 축소형으로, 길고 유연한 가지로 뻗어나간다는 의미에서 연약한 덩굴성 줄기를 표현하며, 종소명 *apiifolia*는 '잎 끝이 뾰족하다'는 의미에서 붙인 라틴어에서 유래했다. 우리나라에서는 으아리속(*Clematis*) 식물이 23종류 정도가 자라는데, 사위질빵과 형태적으로 비슷한 종류는 '좀사위질빵'과 '할미밀망'이 있다. 좀사위질빵은 작은 잎이 2회에 걸쳐 3장씩 나는 복엽이고 수과에 털이 거의 없으며, 할미밀망은 취산꽃차례에 꽃이 3송이씩만 달려 사위질빵과는 차이가 있다.

한편, 사위질빵은 가끔 같은 속에 속하는 으아리와 함께 자라기도 하는

1 2
3 4 **1** 할미밀망 **2** 으아리 **3** 으아리속 원예품종(흰색) **4** 으아리속 원예품종(붉은색)

데, 으아리는 할미밀망과 달리 작은 잎이 5~7장으로 이루어진 복엽이며, 잎 가장자리에 톱니가 없고 잎자루는 구부러져 마치 덩굴손 같은 역할을 하며, 꽃받침 조각도 4~5장으로 적어 차이가 있다. 꽃이 아름다워 미국에서는 으아리속(屬) 식물들을 원예품종으로 개량해 도로 주변이나 화단에 심는다. 어떤 것은 꽃이 어른 주먹만 하고 어떤 것은 색깔이 화려하다.

사위질빵은 사위를 사랑하는 장모의 마음이 표현되는 식물이니 만큼 많은 사람들이 볼 수 있는 종류로 거듭났으면 하는 바람이다. 또 사람과 관련된 이야기가 있는 며느리밑씻개, 꽃며느리밥풀, 금낭화, 할미꽃, 동자꽃 같은 우리 식물도 널리 알려졌으면 하는 바람도 있다. 길 주변에 가로수로 심은 은행나무가 있다.

며느리밑씻개

꽃며느리밥풀

금낭화

동자꽃

할미꽃

36

열매 냄새가 고약해도 쓸모가 많은 은행나무

가로수 가운데 가장 먼저 떠오르는 나무를 들라면 은행나무가 아닐까 싶다. 봄의 푸르름에서 가을의 낙엽까지, 그리고 열매를 제공해주니 어떻게 보면 가로수 종류 중 최고인 듯하다. 잎은 약용으로, 열매는 식용으로 할 수 있으니 쓰임새도 다양한 편이다. 그런데 이 은행나무가 점점 사라지거나 도시에서 멀어지고 있다. 가을이면 우수수 길에 떨어진 낙엽에 사람들이 미끄러져 사고의 위험이 크고, 열매에서 나는 고약한 냄새가 도시와 잘 어울리지 않는다는 이유에서다. 시대가 지남에 따라 이런 단점이 가로수 수종을 교체하는 결정적인

은행나무 (© 지성사)

요인이 되었다고 하니, 시시각각 급격하게 변해가는 세상일에 비한다면 뭐 그리 놀랄 일도 아니지만 어쨌든 좀 섭섭하다.

은행나무는 장수하는 나무로도 유명해 살아 있는 화석식물로 불리기도 한다. 고생대 말기에 나타나 중생대 중반에 걸쳐 번성했던 나무가 아니던가. 우리나라에서 가장 오래된 은행나무는 강원도 영월군 하송리에서 자라는 개체로, 나이는 1300년 정도로 추정하며 천연기념물 제76호로 지정되어 있다. 가로수로 심은 개체들을 제외하고 우리나라의 은행나무는 몇몇 사찰의 상징물처럼 자리 잡고 있다.

위
은행나무

아래
은행나무 줄기

가장 대표적으로 경기도 양평 용문사의 은행나무를 들 수 있는데, 이 나무의 수령은 1100살 정도이고 높이는 42미터, 나무 밑동의 둘레는 15.2미터로 우리나

1 2 3 4 **1** 은행나무 수꽃 **2** 은행나무 암꽃 줄기와 어린 열매 **3** 은행나무 가지와 잎 **4** 은행나무 잎

라에서 높이나 둘레가 가장 큰 것으로 기록되어 있다(천연기념물 제30호). 이 나무는 통일신라 말기에 마의태자가 나라를 잃은 슬픔을 안고 금강산으로 가다가 심었다는 전설과 의상대사가 짚고 다니던 지팡이를 꽂아놓은 것이 자라 지금까지 살고 있다고 전해지기도 한다. 또 나라에 큰일이 나면 이 은행나무가 소리를 내어 알렸다고도 하고, 자르거나 훼손하려 하면 톱이 닿았던 자리에 피가 났다는 등 많은 이야기보따리를 간직하고 있는 나무이다.

은행나무는 식물학적으로 소나무나 잣나무 등이 포함되어 있는 겉씨식물이다. 우리나라에서 자라는 겉씨식물은 잎이 뾰족한 침엽수이고 낙엽이 지지 않는 늘푸른나무가 대부분이지만, 은행나무는 잎이 부채 모양이고 잎맥도 부챗살 모양의 차상맥(叉狀脈)이며, 가을에 노란색으로 단풍이 들고 낙엽이 지는 특징이 있는데도 속씨식물이 아닌 겉씨식물이다. 그 이유는 밑씨가 씨방으로 완전히 둘러싸여 있지 않고, 꽃가루가 발아하면 섬모를 가진 운동성 정자를 만드는 등 겉씨식물의 중요한 특징을 은행나무가 지니고 있기 때문이다.

은행나무는 암수딴그루로 암꽃은 짧은 가지 끝에 2송이가 쌍으로 달리고 수꽃은 밤나무의 수꽃처럼 길게 늘어져 달린다. 씨는 단단한 보호층으로 둘러싸여 있는데 가장 안쪽은 부드러운 막질의 내종피가 있고 이것을 딱딱한 중종피가 감싸며, 가장 바깥쪽은 냄새가 고약한 다육성의 외종피가 감싸고 있다. 이 냄새의 주성분은 빌로볼(Bilobol)과 은행산(Ginkgoic acid)이라는 물질 때문이며, 주로 해충이나 동물로부터 종자 보호를 위한 것이 목적이다.

은행나무의 학명은 *Ginkgo biloba*이다. 속명 *Ginkgo*는 '은행'을 뜻하는 일본어이며, 종소명 *biloba*는 2갈래로 얕게 갈라진다는 의미로 갈라진 잎을 표현한다. 은행나무는 지방에서 '행자목'이라 부르기도 하며, 우리 이름도 열매가 살구와 비슷하게 생겨 '살구'를 뜻하는 '행(杏)' 자와, 열매 겉껍질이 '은색'을 띤다 하여 은빛 '은(銀)' 자를 붙여 '은행'이 되었다고 한다.

은행나무 열매가 익은 후 바닥에 떨어져 짓밟혀 냄새가 나고 보기에도 좋지 않아 사람들에게 외면 당하지만 은행나무가 장수의 상징이요, 단풍,

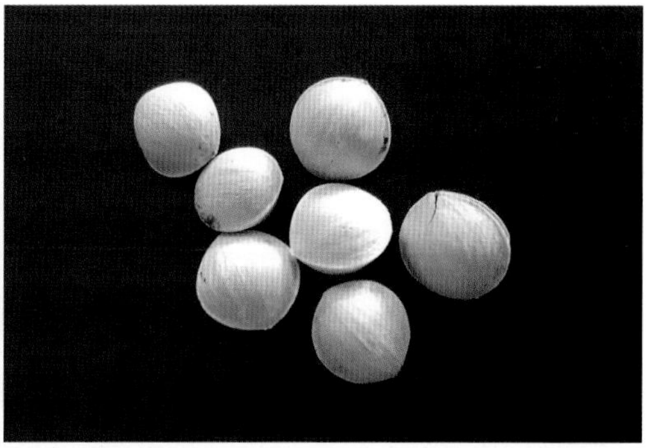

1 2
3 4
5

1 완전히 익은 은행나무 열매 외종피
2 은행나무 열매의 딱딱한 중종피
3 은행나무 열매의 중종피를 벗겨낸 안쪽 면
4 은행나무 열매의 내종피
5 은행나무 열매의 껍질을 모두 벗긴 씨

식용, 약용 등 쓰임새가 많은 전천후 식물이라는 사실은 영원히 변함 없을 것이다. 저만치 소나무가 보인다.

-은행나무 천연기념물 분포도-

37

언제 보아도 친근한 소나무

소나무는 우리가 오랫동안 보아온 친근한 식물이다. 어릴 때의 기억을 되짚어보면, 소나무는 이것저것 여러 쓰임새로 활용했던 나무다. 추석 때 송편을 찌기 위해 뒷산으로 솔잎을 따러 갔던 일, 소나무 꽃가루로 다식을 만들었던 기억은 지금도 생생하게 머릿속에 남아 있다. 요즘은 곳곳마다 '솔잎혹파리 방제 지역'이라는 입간판이 눈에 띄게 많아 솔잎을 따다 송편을 찌기도 어려워졌을 뿐만 아니라 꽃가루를 받기도 힘들어졌다.

이런 기억 속의 소나무가 요즘은 도로 한복판을 차지하는 가로수로 심어져 있는 것을 가끔씩 볼 수 있다. 처음 그 모습을 봤을 때는 누가 저렇게 어울리지 않는 나무를 심었을까 의아하기도 했지만, 전라도와 경상도, 충청도 그리고 최근에는 서울에서 관상용으로 심는 '히말라야시다'라는 '개잎갈나무'를 생각하면 그리 놀랄 일도 아니다. 사실 주위를 둘러보면 소

위
소나무

아래
소나무 줄기

나무뿐만 아니라 잣나무나 낙엽송 같은 많은 소나무과(Pinaceae) 식물들이 우리 주변에 흔하게 자라고 있다. 단지 바늘 같은 침엽에 솔방울 같은 열매를 맺는다는 공통점 때문에 구별하기 힘든 문제점이 있기는 하지만 말이다.

이참에 이들의 차이점을 살펴보자. 우리나라에서 자라는 소나무과에는 모두 6속이 있다. 잘 알려진 전나무속, 가문비나무속, 솔송나무속의 3속은 잎이 1장씩 독립적으로 달려 있어, 여러 장의 잎이 한꺼번에 뭉쳐나는 소나무속, 개잎갈나무속, 잎갈나무속과는 차이가 있다. 이 중 가장 큰 속은 소나무속이며, 여기에는 모두 13종류가 있다. 이들은 잎이 달리는 개수에 따라 더 나뉘는데, 소나무 종류(소나무 · 구주소나무 · 곰솔 · 만주곰솔 · 풍겐스소나무 · 방크스소나무 · 반송)는 2장씩, 잣나무 종류(잣나무 · 섬

1 소나무 잎
2 소나무 수꽃
3 소나무 암꽃
4 소나무 열매

잣나무 · 스트로브잣나무 · 눈잣나무)는 5장씩, 그리고 리기다소나무 · 테다소나무 · 백송의 3종류는 3장씩 잎이 모여나 각각 구별된다. 물론 이 종류들은 열매의 특징, 잎의 길이, 줄기의 색깔 등에 따라서도 잘 구별된다.

소나무의 특징을 좀 더 자세히 살펴보자. 소나무 줄기는 붉은색을 띠어 시골에서는 '적송'이라 부르기도 한다. 바닷가에 주로 자라 잎이 억세고 튼튼한 '해송'이라 불리는 '곰솔'에 비해 소나무는 주로 내륙지역에서 자라 '육송'이라 불리기도 한다. 소나무보다 줄기가 굽지 않고 곧게 뻗어 모양이 예쁜 소나무를 '강송' 또는 '금강소나무'라 하여 품종으로 취급하는데, 예로부터 금강소나무 숲은 마을에 황장금표나 금표를 붙여 나라에서 관리했다고도 한다. 그 가운데 가장 대표격인 경북 봉화군 춘양면의 소나무 목재는 '춘양목'이라 하여 지금까지도 유명세를 타고 있다. 춘양목은 나뭇결이 곱고 부드러우며, 나무를 켠 뒤에도 휘거나 트지 않고, 안쪽은 붉은빛이 돌며 다듬고 나면 윤기가 흐르는 등 장점이 많아 최고의 목질로 인정받고 있다.

소나무의 학명은 *Pinus densiflora*이다. 속명 *Pinus*는 켈트어로 '산'을 뜻하는 pin에서 유래했다고 하며, 종소명 *densiflora*는 꽃이 조밀하게 달린다는 뜻으로 꽃 부분을 잘 표현했다. 소나무는 우리나라 전국에 분포하며, 지방에서는 육송, 적송 이외에도 '솔', '솔나무', '암솔' 등으로 부른다. 소나무라는 우리 이름의 어원은 '솔(松)'과 '나무(木)'가 만나 '솔나무'로 부르다가 발음하기 편하게 '소나무'로 변화되었다고 한다.

소나무를 보고 있으면 믿음직함 때문인지 기분이 좋아진다. 지구 온난화로 바늘잎을 가진 식물들이 자꾸 사라지고 있다는데, 소나무만큼은 꿋꿋하게 버텨주길 기대해본다. 주변에 등나무라 불리는 등이 보인다.

금강소나무

반송

해송

처진소나무

리기다소나무

리기다소나무 줄기

테다소나무

백송

눈잣나무

섬잣나무

스트로브잣나무

잣나무 열매

솔송나무

잎갈나무

전나무 열매

히말라야시다(개잎갈나무 열매)

38

등나무로 불리는 휘감기의 달인 등

차를 타고 도로를 달리다 보면 길 주변으로 절개면이 있는 곳에 어김없이 등장하는 식물이 있다. 바로 등나무라 불리는 '등'이다. 꽃이 포도송이처럼 주렁주렁 핀 모습에서 싱그러움을 느낄 수 있지만, 겨울이 지나 봄이 되어서도 이곳저곳을 감고 올라간 줄기만 덩그러니 있어 쓸쓸해 보이기도 한다. 등을 떠올리면 항상 '칡'이 함께 떠오르기 마련이다. 아마도 '갈등(葛藤)'이라는 단어 때문일 것이다. 줄기가 덩굴성이라는 공통점이 있는 이 두 식물은 서로 감고 올라가는 것이 주특기이다. 등은 오른쪽으로 감고 올라가는 반면, 칡은 왼쪽으로 감고 올라간다. 같은 방향이면 서로 뒤엉킬 염려도 없을 터, 서로 다름에서 오는 불편함이 갈등이 된 것이다.

우리나라에서 자라는 식물 중 줄기가 덩굴성인 종류는 여럿이 있는데 감아 올라가는 방향이 메꽃, 나팔꽃, 노박덩굴 등은 왼쪽 감기를 하고, 인

등 줄기

칡 줄기

동덩굴, 부채마, 박주가리 등은 오른쪽 감기를 한다. 또한 더덕이나 환삼덩굴처럼 양쪽 방향으로 감는 종류도 있다. 그렇다면 왼쪽이나 오른쪽으로 감는 종류들의 줄기를 다른 나무에 풀어놓으면 그 줄기는 어떻게 자랄까? 당연히 그 줄기가 가지고 있던 애초의 방향대로 오른쪽 또는 왼쪽으로 다시 감아 올라간다. 부모에게서 받은 유전자 정보가 잘 발현되는 예라 하겠다.

우리나라에서 칡과 등을 함께 볼 수 있는 확률은 낮다. 그 까닭은 칡은 주로 산림지역 안쪽이나 그 주변에서 절로 나서 자라지만, 등은 대부분 공원이나 노도 수변에 심기 때문이다. 특별히 부산 금정구에 있는 범어사 계곡 주변의 산림지역에서 자라는 등 군락지는 천연기념물 제176호로 지

등(범어사 군락, ⓒ 김정남)

등 열매

정되어 있다. 소나무, 편백나무, 팽나무 같은 커다란 나무를 감고 올라가기도 하고, 500여 그루가 함께 자라는 것이 특이하여 연구 가치가 있다고 판단되어 지정했다는 것이 문화재청의 설명이다. 이곳을 제외하면 등 군락지는 필요에 따라 심은 것이 대부분이라 할 수 있다.

등과 칡은 같은 콩과(Fabaceae) 식물이지만, 칡은 칡속(*Pueraria*)에, 그리고 등은 등속(*Wisteria*)에 속한다. 만약 두 종류가 한자리에 있다면 구별은 간단하다. 칡은 작은 잎 3장이 모여 달리는 복엽이고 줄기와 잎에 갈색 털이 많지만, 등은 잎이 작은잎 13~19장으로 이루어진 복엽으로, 마치 아까시나무의 잎과 비슷하고 털이 없다.

등의 학명은 *Wistaria floribunda*이다. 속명 *Wistaria*는 미국의 유명한

등 잎

칡 잎과 꽃

해부학자 위스타(Caspar Wistar)를 기념하기 위해 붙인 것이고, 종소명 *floribunda*는 '꽃이 많다'는 뜻을 가지고 있어 총상꽃차례에 연한 자주색 꽃이 많이 달린 모양을 표현한다.

'등'이라는 우리 이름은 '갈등'이라는 한자어에서 따왔으며, 지방에서는 '등나무', '왕등나무', '연한붉은참등덩굴', '조선등나무', '참등', '참등나무'라 부르기도 한다. 우리나라에서 자라는 등속(屬)에는 등과 흰등의 2종류가 있는데, 흰등은 꽃의 색깔이 흰색이며 품종으로 취급하고 있다. 또 이름이 비슷한 애기등이 있는데 이 종류는 애기등속(*Millettia*)에 포함되며 꽃차례가 잎겨드랑이에서 나고 꽃이 흰색 또는 연한 황록색으로 핀다는 점에서 다르다.

등에 얽힌 전설도 있다. 줄기의 꼬임처럼 복잡한 짝사랑에 대한 내용으

등 꽃차례

등 꽃

로, 결국에는 팽나무가 된 총각과 등나무가 된 두 여인이 죽어서도 사랑하는 마음을 놓지 못해 팽나무를 감싸면서 자란다는 이야기로 끝이 난다.

5월이 되면 쉼터의 지붕을 감싸는 등에서 연한 보라색 꽃이 핀다. 은은한 꽃향기며 벌이 날아다니는 모습이 정겹기도 하고, 탐스럽게 아래를 향해 달리는 꽃송이가 아름답다. 근처에 우리나라 국화인 무궁화가 있다.

팽나무(© 이춘상)

편백나무(© 김정남)

39

꽃 색깔이 다양한 무궁화

애국가 가사에 등장하는 몇몇 식물이 있다. 2절에는 소나무가 등장하고 1~4절의 후렴구에는 무궁화가 나온다. 무궁화가 우리나라의 국화라는 것은 익히 다 아는 사실이지만, 내 머릿속에는 아주 오래전 식목일에 무궁화나무를 심었던 기억이 있고, 요즘은 이 나무를 흔하게 만날 수 없는 것 같다. 무궁화가 우리나라에서 자란다는 기록은 기원전 8~3세기 춘추전국시대에 간행된 『산해경山海經』에서 찾아볼 수 있다. 그 후 신라시대에는 근화향(槿花鄕), 목근화(木槿花) 등으로 불리며 사랑을 받아왔으나 조선시대 때 왕실의 꽃을 이화(梨花), 즉 배꽃으로 정하면서 무궁화의 인기가 위축되고 말았다.

그러다가 무궁화를 국화처럼 여기게 된 것은 1894년 갑오개혁 이후 서구에서 새로운 문물이 밀려 들어오면서부터이다. 남궁억 선생과 윤치호 선생 등이 우리나라의 기본을 지칭하던 무궁화를 기초로 한 국화의 필요

무궁화

무궁화 줄기

성을 인식하여 의견을 개진하게 되었고, 애국가에 등장함에 따라 국화로 여기게 되었다.

특히 남궁억 선생은 1919년 강원도 홍천군의 '모곡'이라는 마을에 교회와 학교를 세우고 무궁화 묘포를 조성하여 일본이 우리나라의 민족정신을 말살하기 위해 벚꽃과 일장기를 퍼뜨리는 데 항거하며 무궁화 묘목을 전국에 보급하다가 체포되어 감옥살이를 하기도 했다. 이런 역사적 사실을 기억하고자 홍천군은 '무궁화 공원'과 '무궁화 수목원'을 조성하

1 무궁화 잎 2 무궁화 꽃(연한 자주색) 3 무궁화 꽃(흰색) 4 무궁화 열매

여 운영하고 있으며, 특히 도로변이나 빈터 등에 무궁화를 많이 심어 무궁화의 고장임을 널리 홍보하고 있다.

최근 행복도시로 일컬어지는 세종시에서는 도시 중심부 전월산 근처 13만 제곱미터의 넓은 면적에 전 세계에서 육성된 300여 종류의 품종을 심어 무궁화 품종원, 무궁화 색채원 등 무궁화와 관련된 5개의 테마 정원을 꾸미고 무궁화의 역사와 의미, 종류, 재배 및 관리법 등 무궁화에 대한 모든 정보를 제공하는 '무궁화 테마공원'을 조성하여 2018년 하반기에 완공한다고 한다. 무궁화에 대한 또 다른 아름다움을 느낄 수 있는 기회가 마련될 것 같다.

이처럼 무궁화는 예부터 우리의 얼과 숨결이 담겨 있는 종류이기는 해

우리나라에서 가장 오래된 무궁화(강원도 강릉시 천연기념물 제520호)

우리나라에서 가장 오래된 무궁화(줄기)

도 원산지가 확실하지는 않지만 시리아, 중국, 인도 등 동북아시아 지역으로 알려져 있어 아쉬움이 남는다. 어떤 학자는 외국에 처음 소개된 우리나라 식물은 철쭉이므로 이것을 우리나라 국화로 하는 것이 의미가 있다고 주장하지만, 무궁화는 그보다 훨씬 이전부터 아주 오랫동안 우리의 사랑을 받아왔기에 그 나름의 의미는 갖추었다고 생각한다.

무궁화는 키가 3미터가량 자라고 줄기는 회색을 띠어 멀리에서도 잘 구별된다. 잎은 달걀 모양으로 아랫부분에 커다란 맥이 3개 있어 특이하고, 가장자리에 거친 톱니가 있다. 꽃은 홍자색이며 품종에 따라 다양한 색깔로 피고, 약 1.5센티미터의 짧은 꽃자루에 지름이 6~10센티미터나 되는 커다란 꽃이 하나씩 달린다. 열매는 익으면 배봉선이 열려 씨가 나오는 삭과(蒴果)로, 모양은 긴 타원형이며 10월에 익는다.

무궁화는 우리가 잘 아는 접시꽃이나 닥풀(황촉규) 등이 포함되어 있는

1 닥풀 2 수박풀 3 부용

아욱과(Malvaceae)에 속하며 학명은 *Hibiscus syriacus*이다. 속명 *Hibiscus*는 라틴어 hibiscum 또는 ebiscum에서 유래했는데 점액질이 있다는 뜻이고, 종소명 *syriacus*는 시리아에서 자란다는 의미이다. 우리나라에서 자라는 무궁화속(屬) 식물에는 황근, 닥풀, 부용, 수박풀 등이 있고, 무궁화보다 잎과 꽃이 작고 원줄기가 갈라지지 않는 것을 애기무궁화라 하여 변종으로 취급하기도 한다. 무궁화는 '목근화' 또는 '무궁화나무'라고 부르기도 하며, 우리 이름은 '무우게' 또는 '무강나무'로 부르던 것이 무궁화(無窮花)로 정착된 것이 아닌가 한다.

국립산림과학원은 2015년 광복 70주년을 맞아 『나라꽃 무궁화 품종도감』을 발간하였다. 이 책에는 153종의 무궁화에 대한 품종별 · 형태적 특

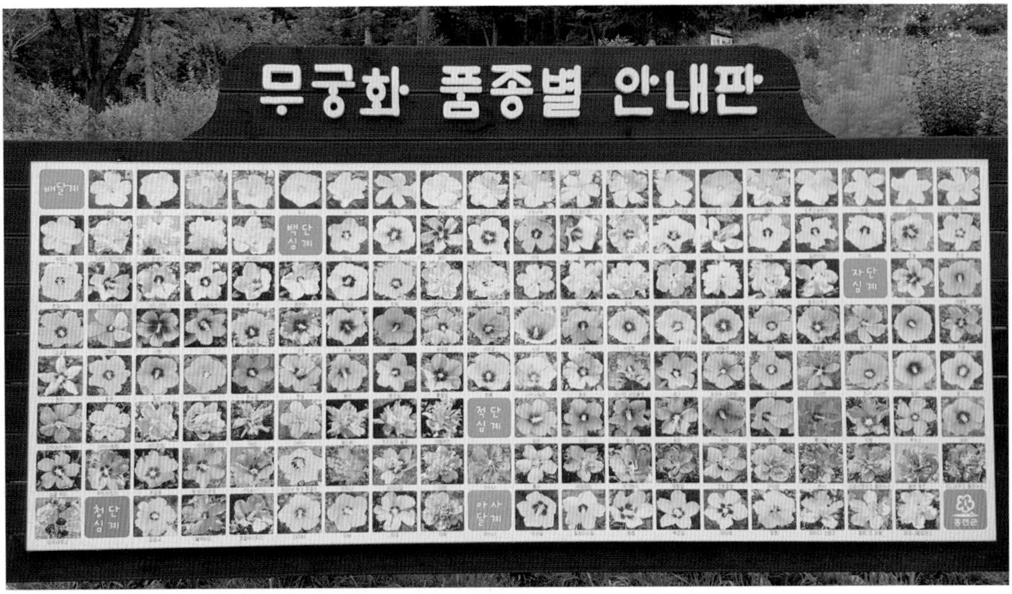

무궁화 품종 안내판(무궁화 수목원)

성과 개화, 생육 특성이 수록되어 있어 다양한 종류의 무궁화를 감상할 수 있다. 우리나라에서 재배 및 육성된 200여 종의 무궁화는 꽃의 형태에 따라 크게 배달계, 단심계, 그리고 아사달계의 3종류로 나뉘는데, 이 중 단심계 종류는 다시 백단심계, 적단심계, 자단심계, 청단심계 등으로 나누어진다.

이처럼 무궁화는 기본적인 특징을 약간씩 개량하여 많은 품종들이 있다. 설단심, 옥선, 사임당 같은 예쁜 이름을 가진 종류도 있고, 꽃말도 일편단심, 영원, 아름다움, 섬세함 등이어서 편안함을 느낄 수 있는 의미가 담겨 있다. 꼭 우리나라의 나라꽃이라는 상징성 때문만이 아니라 이토록 다양하고 아름답기에 많은 사람들의 사랑을 받는 것이 아닐까 싶다. 저 멀리 하천 주변으로 버드나무가 보인다.

무궁화(연한 자주색)

무궁화(자색)

무궁화(자색 겹꽃)

무궁화(흰색 겹꽃)

40

습지식물의 대표 주자 버드나무

겨울이 지나고 봄이 되면 텔레비전 화면에서 자주 보여주는 광경이 있다. 얼음이 녹아 졸졸졸 흐르는 시냇물에 흔들거리는 나뭇가지와 거기에 매달린 누에 번데기만 한 '버들강아지'라 부르는 꽃 모습이다. 버들이 버드나무 종류를 가리킨다면, 부드러움이 느껴지는 강아지를 어떻게 나무 이름에 붙였을까? 어쨌든 버들강아지라는 이름은 많은 이들에게 정감을 불러일으킨다. 시냇가에서 자라는 작은 키의 버들강아지는 대부분 '갯버들'이란 종류인데, 호수, 연못, 하천 주변 또는 습지 근처에 가면 좀 다른 종류의 나무를 만날 수 있다. 키도 훤칠하고 꼿꼿한 가지가 바람에도 흔들리지 않아 안정감을 지닌 '버드나무'이다.

몇 년 전 민통선으로 습지 조사를 간 적이 있다. 사람의 출입이 제한된 곳이라 도로 수변으로 습지가 형성되어 있었고 그곳에 우뚝 서 있는 나무는 모두 버드나무였다. 아름드리만 한 것에서부터 작은 개체에 이르기까지 다양한 식구들이 올망졸망 모여 숲을 이루었고, 안쪽으로 나 있는 작은 하천 주변으로는 개여뀌, 고마리, 미꾸리낚시 같은 습지식물과 다양한 사초과(科) 식물들이 함께 자라고 있었다. 버드나무와 같은 환경에서 자라는 친화도가 높은 식물들이 대부분이었고, 거기에 더해 온갖 새들이 사람들을 보고도 전혀 두려워하는 기색 없이 재잘거리며 놀고 있어 꽤나 인상적이었다.

습지식물은 수생식물과 습생식물로 이루어지며 식용, 약용, 관상용, 산업자원으로 가치가 크다. 아울러 수질 정화 능력이 있어 학술적으로나 환경생태학적으로도 매우 중요한 가치를 보유한 자원이다. 우리나라에는 약 470여 종이 분포하고 있다.

이 중 버드나무는 우리나라 전역에 고루 분포하는 습지식물의 대표격으로, 나에게는 지금까지도 몸에 남아 있는, 어린 시절의 아찔한 추억을 함께한 식물이다. 봄이 되어 버드나무에 물이 잔뜩 오르면 줄기와 나무껍질 사이에 수분이 많아 쉽게 분리되는데, 어린 시절에 나는 이 껍질을 벗겨 버들피리를 만들어 놀았다. 껍질을 잘 분리하고 피리의 울림 작용을 위해 입에 닿는 부위를 얇게 저며야 소리가 나왔다. 그런데 한두 번 해본 것이 아니란 듯 방심해서였을까, 손가락 끝에 껍질을 올려놓고 칼로 생선회를 뜨듯이 하다가 그만 칼이 미끄러져 손가락 끝을 베고 말았다. 순간 너무 놀라 비명도 나오지 않았고, 피만 뚝뚝 떨어질 뿐이었다. 안타깝게도 그때 손가락에 난 상처는 지금까지도 남아 있다. 귀가 먹먹해질 때까지 실컷 피리를 불다가 껍질이 마르지 않게 작은 접시에 물을 넣어 껍질을 담가놓고, 다음에 다시 가지고 놀았던 기억도 있다. 지금도 그 시절 새록새록 떠올라

버드나무

버드나무 줄기

그립다. 작은 것에서 재미를 찾고 만족했던 시절이 말이다.

버드나무는 높이가 20미터까지 자라며 잎은 피침 모양이거나 긴 타원형으로 뒷면은 흰빛이 돈다. 꽃은 꼬리를 닮은 미상꽃차례[尾狀花序]로 암꽃과 수꽃이 따로 4월에 피며, 열매는 5월에 익는다.

버드나무의 학명은 *Salix koreensis*이다. 속명 *Salix*는 라틴어이며 켈트어로 '가깝다'는 뜻의

1 2
3 4 **1** 버드나무 잎 **2** 버드나무 암꽃 **3** 버드나무 수꽃 **4** 버드나무 열매

sal과 '물'을 의미하는 lis의 합성어로, 물가에서 흔히 자란다는 것을 표현한다. 종소명 *koreensis*는 한국에서 자란다는 의미이다.

우리나라에서 자라는 버드나무속(屬) 식물에는 주로 들어본 꽃버들, 호랑버들 등을 포함하여 35종류 정도가 있다. 버드나무와 형태가 비슷한 종류로는 용버들, 개수양버들, 수양버들, 능수버들 등이 있으며, 이 종류들은 속 이하를 형태적 특징에 따라 다시 나눠 모둠 짓는 절(section)이라는 분류계급에서 버드나무절(*Subalbae*)에 포함된다. 이 중 버드나무는 나머지 4종류보다 작은 가지가 곧추서고 털이 있으며, 암술에 털이 많아 구별된다.

버드나무는 지방에서 '개왕버들', '뚝버들', '버들', '버들나무'라 부르기도 하며, 우리 이름은 '버들(柳)'과 '나무(木)'를 합쳐 '버들나무'였던 것이 '버드나무'가 되었다고 한다.

버드나무로 피리를 만들었던 추억도 있지만, 주변의 큰 하천을 보니 물속에 들어가 반두나 어항을 놓아 물고기를 잡았던 추억도 떠오른다. 또 솜털 같은 씨앗이 날아갈 때면 두 팔을 벌리고 손으로 그것을 잡으려고 까치발을 하면서 놀았던 기억도 있다. 모두 버드나무와 인연이 되어 즐거움을 누렸던 행복한 시간이었다. 근처 둑 주변으로 산딸기가 보인다.

갯버들 수꽃

갯버들 잎

호랑버들 암꽃

호랑버들 수꽃과 꽃차례

호랑버들 수꽃

왕버들 암꽃과 잎

41

갈증을 풀어주는 열매 산딸기

제철 과일이 인기가 있지만 요즘은 시기와 관계없이 항상 과일을 먹을 수 있어서 좋다. 어떤 사람은 밥보다 과일을 더 좋아하는가 하면, 어떤 사람은 과일을 입에 대지도 않는다. 그런데 딸기라면 어떨까? 우리나라에 절로 나서 자라는 것은 아니지만, 서양에서 들여와 재배하기 시작해 요즘은 품종이 많이 개량되었고, 기후에 따라 생육의 최적지로 알려진 곳에서는 딸기에 동네 이름을 붙여 유명세를 타고 있다. 양평, 밀양, 완주, 논산 등에서는 딸기 축제가 열리기도 하고 어떤 유명 프랜차이즈 식당에서는 2월 중순부터 딸기를 활용한 다양한 음식을 만들어 '딸기 축제'라는 이름으로 손님을 끌어들이기도 한다.

딸기(© 지성사)

딸기는 당도가 높고 비타민이 풍부하며 열

산딸기

산딸기 줄기

량도 낮아 다이어트 과일로 각광받고 있다. 과일 주스의 단골 재료일 뿐만 아니라 샐러드나 케이크 등에 사용되는 것도 바로 이 때문이다. 그럼 우리나라 식물 중 '딸기'라는 이름을 가진 종류는 얼마나 될까? 또 있다면 흔히 마트에서 볼 수 있는 보통 딸기와 어떤 관련이 있을지 궁금해진다.

우리 이름 중 '딸기'라는 낱말이 있는 종류는 약 37종류이다. 그런데 이 종류들은 크게 3개 속에 포함되어 있다. 즉 뱀딸기와 산뱀딸기는 뱀딸기속(*Duchesnea*)에, 우리가 흔히 먹는

산딸기 잎

산딸기 꽃

산딸기 열매

딸기는 흰땃딸기, 땃딸기와 더불어 딸기속(*Fragaria*)에, 그리고 나머지는 모두 산딸기속(*Rubus*)에 포함된다. 더 재미있는 사실은 앞선 두 속은 모두 초본(풀)이고 산딸기속에 속하는 종류는 모두 목본(나무)에 포함된다는 것이다. 우리 이름이 비슷하고 장미과(Rosaceae)에 속하는 공통점이 있지만 형태나 계통은 전혀 다른 그룹에 있어 이들을 비슷하게 볼 수 없다는 이야기다.

그렇다면 야외에서 가장 흔하게 만날 수 있는 딸기 종류는 어떤 것일까? 아마도 뱀딸기와 산딸기가 아닌가 싶다. 뱀딸기는 대개 습한 지역에서 자라는데 이런 곳을 좋아하는 유혈목이가 눈에 띄어 붙인 이름 같기도 하고, 아니면 뱀이 먹는 딸기라는 의미인 것 같기도 하다.

산딸기는 이름만 보면 산에 나는 딸기라는 느낌이 들지만 열매의 모양으로 보면 재배하는 딸기의 수과 형태와는 달리 산딸기는 작은 핵과들이 모여 공처럼 동그란 모양을 이룬다는 차이가

1 산딸기 열매 2 산딸기 꽃 (© 지성사) 3 뱀딸기 열매 4 뱀딸기 꽃 (© 지성사)

있다. 산딸기가 자라는 곳은 별다른 특징이 없다. 어떤 개체는 산 근처의 양지바른 곳에서 자라고, 어떤 것은 하천 주변에서도 볼 수 있다. 이곳저곳을 가리지 않고 자라는 전천후 나무라 할 수 있다. 가끔 잎과 줄기에 듬성듬성 나 있는 가시가 마치 자기를 봐달라는 듯이 화를 내어, 팔뚝이나 손에 닿으면 비로소 그 존재를 알 정도로 특이한 점이 적은 식물인 듯하다.

잎은 3~5갈래로 갈라져 손바닥처럼 생겼고, 열매가 달리는 가지의 잎은 갈라지지 않는 것도 있다. 꽃은 흰색으로 지름이 2센티미터 정도이며 6월에 가지 끝에 산방꽃차례[繖房花序]로 달린다. 열매는 7~8월에 누런빛을 띤 붉은색으로 익어 먹을 수 있다.

산딸기의 학명은 *Rubus crataegifolius*이다. 속명 *Rubus*는 '강하다'는 뜻의 그리스어 cratos와 '갖는다'는 의미의 agein의 합성어로, 재질이 강하다는 것을 뜻하며, 종소명 *crataegifolius*는 산사나무속(*Crataegus*)과 비슷한 잎을 가지고 있다는 의미이다.

우리나라에서 자라는 산딸기속(屬) 식물에는 흔하게 들어본 복분자딸기, 줄딸기, 멍석딸기, 곰딸기 등을 포함하여 32종류 정도가 자란다. 지방에서 산딸기는 '곰딸', '긴나무딸기', '긴잎나무딸기', '긴잎산딸기', '나무딸기', '산딸기나무', '참딸', '함박딸', '흰딸' 등 많은 이름으로 부르며, 우리 이름은 산에 나는 딸기나무라는 의미이다.

야외 조사를 하다가 산딸기 열매를 발견하면 붉은색으로 익은 것은 모두 따 입에 넣는 것이 습관처럼 되어버렸다. 가끔은 덜 익은 탓에 신맛이 강해 인상이 찌푸려지지만 한여름 더위에 사막의 오아시스처럼 갈증을 해소하는 데 그만이다. 진정한 우리의 딸기나무다. 둑 근처에 우뚝 서 있는 오동나무가 보인다.

곰딸기

줄딸기

복분자딸기

멍석딸기

멍석딸기 꽃 (© 지성사)

42

꽃이 화려하고 아름다운 오동나무와 참오동나무

'내나무'라 불리는 나무가 있다. 예전부터 딸을 낳으면 오동나무를 몇 그루씩 심었고 아들을 낳으면 소나무와 잣나무를 심었는데, 이 나무들을 잘 키워 딸을 시집보내거나 세상과 이별할 때를 위해 미리미리 준비하는 '나만의 나무'였다. 요즘이야 이런 풍습을 그대로 따라하는 집은 없을 거라 생각하지만, 옛 조상들의 지혜에 박수를 보내고 싶다. 내가 어렸을 때는 식목일 4월 5일이 공휴일이라 나무도 심고 하루를 쉴 수도 있었지만 2006년부터는 공휴일에서 제외되어 법정 기념일로만 남아 있다. 그러다 보니 나무를 심는 것도 어려워져 요즘은 산림청 등 숲이나 나무 관련 기관에서 나만의 나무 갖기 운동을 벌이기도 한다.

오동나무는 흔하게 보는 화려한 나무도 아니요, 또 군락을 이루어 특별한 풍광을 보여주지는 않지만 항상 집 근처나 하천 주변에서 만날 수 있어 정감이 간다. 그렇다면 오동나무는 어떻게 생겼을까? 실제로 밖에서

왼쪽 오동나무
오른쪽 오동나무 줄기

보면 한눈에 알아보기가 쉽지 않다. 하지만 키가 10미터나 되고, 나뭇가지에 작년 가을에 맺은 달걀 닮은 열매가 달린 것을 찾는 것이 제일 쉬울 것이다. 바깥 껍질이 매끈매끈하고 끝이 뾰족해 모양이 독특하다. 다 자란 잎은 오각형을 닮은 둥그런 모양이고 밑부분은 심장 모양으로 파여 있다. 만져보면 앞면은 부드러운데, 뒷면은 별 모양을 닮은 털인 성상모(星狀毛)가 빽빽이 나 있어 푹신할 정도다. 잎 길이는 15~25센티미터, 잎자루는 10~20센티미터로 길다.

오동나무의 화룡점정은 꽃이 아닐까 한다. 5~6월이면 봄 식물은 꽃의 향연을 거두고, 여름을 위한 식물들이 기지개를 켠다. 주변 산에 녹음이

왼쪽 참오동나무
오른쪽 참오동나무 줄기

짙어가는 때라 붉은색이나 노란색보다는 녹색이 풍성한 시기이다. 이 무렵 오동나무에는 6센티미터인 초롱 모양의 큰 꽃이 가지 끝에 원추꽃차례[圓錐花序]로 달린다. 색깔도 자주색이라 주변 경관과 보색으로 대비되어 더 멋있게 보인다. 하지만 꽃의 갈라진 부분의 안쪽은 옅은 노란색을 띠고 안쪽과 바깥쪽 모두 별 모양의 털(성상모)과 분비털인 선모(腺毛)가 있어 만지면 끈적끈적하여 기분이 썩 좋지는 않다.

오동나무의 학명은 *Paulownia coreana*이다. 속명 *Paulownia*는 식물분류학자 지볼트(Siebold)가 후원을 받은 네덜란드의 안나 파블로브나(Anna Paulowna, 1795~1865) 여왕을 기념하기 위해 붙인 것이며, 종소명 *coreana*

는 한국에서 자란다는 의미이다. 우리나라에서 자라는 오동나무속(屬) 식물은 오동나무와 참오동나무 2종류뿐이며 주로 마을 근처에 심는다. 참오동나무는 잎 뒷면에 연한 갈색 또는 흰색 털이 있고 꽃에 자색 점이 흩어져 있어 오동나무와는 차이가 있다. 이 종류들은 지방에서 '오동', '참오동'이라고도 하며, 우리 이름은 옛날에 '머귀나무'로 부르던 것이 변형되어 오동나무가 되었다는 설명도 있다. 한편, 나무 이름에 '오동'이 들어간 종류로는 '벽오동'과 '개오동'이 있는데 전자는 벽오동과(Sterculiaceae)에 속하고, 개오동은 능소화과(Bignoniaceae)에 속해 소속이 전혀 다르다.

가끔 꽃이 활짝 피어 있는 오동나무를 만나면 가슴이 후련해질 때가 있다. 압도적인 꽃 뭉치가 찔러도 피 한 방울 나오지 않을 것 같은 모습이다. 자유롭게 꽃의 이곳저곳을 누비는 벌들을 보면 그렇게 냉정하지 않은 것 같기도 한데, 그 강렬함을 보고 있노라면 절로 압도되는 느낌이다. 크고 튼실하고 화려한 모습을 모두 갖춘 멋진 나무이다. 저 멀리 일본 잎갈나무가 있다.

오동나무 꽃차례와 잎

오동나무 꽃

오동나무 열매

참오동나무 잎

참오동나무 꽃차례

참오동나무 꽃

참오동나무 열매

개오동 꽃

개오동 열매

43

낙엽 지는 소나무라
낙엽송인
일본잎갈나무

운전을 하다 보면 차창 밖으로 보이는 멋진 풍광들에 취해 저곳을 꼭 한번 가보고 싶다는 충동을 느낄 때가 있다. 봄이면 그런 생각이 더 강해 주말이면 모든 것을 뒤로한 채 카메라를 둘러메고 밖으로 나가는 게 일이었다. 그날의 결과물은 카메라에 찍힌 사진이 전부인데 아무리 많이, 그리고 잘 찍었다 하더라도 맘에 드는 것을 찾기는 그리 쉽지 않다. 그러다 보면 여름이 오고, 한여름 더위가 지나고 나면 단풍철이 다가온다. 10월의 관광버스 예약은 적어도 몇 달 전이 아니면 내 차지가 될 수 없으니, 단풍놀이라도 갈 계획이라면 부지런을 떨어야 하는데 그것도 만만치가 않다. 가을에는 여러 가지 바쁜 일들이 기다리고 있는 탓이다.

그럼 이렇게 호들갑을 떨지 않고도 단풍놀이에 버금가는 풍광을 볼 수 있는 곳은 없을까? 이 식물만 제대로 알면 가능하다. 기억을 되살려보자. 매일 출퇴근을 하거나 주기적으로 어느 특정한 곳을 방문하기 위해 같은

일본잎갈나무

일본잎갈나무 줄기

도로를 달리는 사람이라면 차창 밖의 모습이 그리 낯설지 않을 것이다. 그 도로도 가을의 문턱에 들어서면 온통 푸르던 차창 밖 산림이 부분적으로 붉은색이나 노란색으로 물들어간다. 붉은색이야 단풍나무 등을 연상하겠지만 저만치 바둑판처럼 잘 정돈된 넓은 면적을 노란색으로 물들이는 것이 있다. 높지도 낮지도 않은 그저 어른 키의 눈높이 정도에서 보이는 예쁜 모습이다.

주인공은 바로 '낙엽송' 또는 '일본잎갈나무'라고 불리는 종류인데 이 나무는 이름에서 알 수 있듯이 우리나라에 절로 나서 자라는 것이 아니고 일본에서 들여다 심은 조림수종이다. 역사를 보면 1920년대 일본에서 도입했다고 하며 일본 고유종으로 알려져 있다. 우리나라에는 냉온대 북부지방의 고산지역과 아고산대(亞高山帶)에 해당하는 강원도와 경상북도 북부지방에 집중적으로 심어져 있고, 사람의 손이 닿지 않는 곳에는 도입 초창기 때 심은 개체들이 지금까지도 남아 있다. 일본잎갈나무가 차지하는 면적은 약 41만 8천여 헥타르로 지난 70여 년 동안 우리나라에서 가장 많이 조림된 나무라고 한다.

이 나무는 줄기가 곧고 높이가 20~30미터까지 자라는 특징이 있어 한동안 전봇대나 건물을 짓는 데 자주 사용되었으나 요즘은 채산성이 낮아 심은 그대로 두어 아름드리 나무로 자란 곳이 많다.

일본잎갈나무의 학명은 *Larix kaempferi*이다. 속명 *Larix*는 유럽잎갈나무의 옛 이름으로, 송진이 많다는 뜻의 켈트어 lar에서 유

일본잎갈나무 잎

일본잎갈나무 열매

일본잎갈나무 겨울 열매

1 잎갈나무
2 잎갈나무 줄기
3 잎갈나무 잎과 열매

래하였다고 하며, 종소명 *kaempferi*는 독일의 생리학자 엥겔베르트 켐퍼(Engelbert Kaempfer, 1651~1716)를 기리기 위해 붙인 것이다.

우리나라에서 자라는 잎갈나무속 식물은 5종류 정도가 있는데 잎갈나무를 포함하여 이름에 모두 일본, 청, 만주라는 단어가 있다. 일본잎갈나무는 잎갈나무와 가장 비슷한데 솔방울처럼 생긴 열매인 구과(毬果)를 구성하는 실편(實片)이 뒤로 뒤집혀 잎갈나무와 차이가 있다.

일본잎갈나무 조림지

일본잎갈나무 단풍

지방에서 일본잎갈나무는 '낙엽송', '락엽송', '청성이깔나무'라 부르기도 하며, 우리 이름은 일본에서 자라는 잎갈나무라는 뜻이다.

어린 시절, 목재로 사용하려고 아버지가 뒷산에서 잘라온 일본잎갈나무 줄기의 껍질을 모두 벗기고 볕이 잘 드는 곳에서 말리는 것을 본 적이 있다. 그때 무슨 생각에서였는지 모르겠지만, 두 손으로 그 줄기를 만졌더니 손바닥에 바늘같이 가늘고 투명한 가시가 빼곡히 박히는 바람에 가시들을 빼느라 애를 먹었던 일이 생각난다.

하지만 새로 나온 가지는 재미있는 놀잇감이 되기도 했다. 이른 봄 잎눈의 싹이 올라올 때가 되면 나무는 뿌리에서 물을 많이 흡수해 나무 껍질에 수분이 많아진다. 이때쯤 새 가지를 꺾어 끝부분을 떼어낸 뒤 딱딱한 줄기를 이에 물고 손으로 힘껏 껍질을 잡아당기면 잘 요리된 동태살과 뼈가 나뉘듯 분리가 된다. 그것을 소꿉놀이에서 여우의 꼬리로 사용했다. 이처럼 일본잎갈나무는 어릴 때부터 함께했던 경험 때문인지 지금까지도 친숙함이 남아 있는 나무이다. 집 근처에 죽단화가 보인다.

44

노란색 꽃이 매력적인 죽단화와 황매화

새 아파트 단지가 형성되면 그 주변으로 유치원이나 초등학교, 중 · 고등학교 같은 교육기관이 들어서고, 많은 음식점이 들어서서 이른바 먹자골목이 완성된다. 우리 집 주변도 새로 형성된 신시가지라 예전에 군부대와 논이 있던 곳과는 전혀 다른 모습으로 탈바꿈했다. 처음에 이사 왔을 때 이 주변이 어떤 것들로 채워질까 무척 궁금했는데 아니나 다를까, 다른 도시도 마찬가지이겠지만 커피숍과 미용실이 한 집 건너 한 집으로 생겨 지금은 서로 경쟁을 벌이는 상황이 되었다. 입주한 지 3년밖에 되지 않았는데 벌써 음식점에도 변화가 생겨 선호도 높은 다양한 종목을 갖춘 곳들로 바뀌었다.

어쨌든 식물을 공부하는 나는 이런 것보다는 아파트 조경에 더 관심이 많았다. 어떤 종류들이 심어질까 기대도 많이 하고, 가끔 이것저것을 심으라고 나서볼까도 생각했지만, 주제넘은 짓 같아 행동으로 옮기지 못한 기

1 죽단화 2 죽단화 줄기 3 죽단화 잎 4 죽단화 꽃

억도 있다. 지금 눈에 띄게 보이는 나무들은 소나무, 목련, 칠엽수, 산철쭉, 느티나무, 죽단화, 흰말채나무, 울타리 역할을 하는 사철나무 같은 종류가 이름표를 달고 있고, 초본으로는 불란서국화, 산구절초, 자주닭개비 등이 군락을 이루고 있다. 누구의 아이디어인지는 몰라도 우리 집 아파트에는 돌단풍이 많이 심어져 있어 좀 특이하게 보이기도 한다. 그런데 이런 종류 가운데 올해 유난히 눈에 띈 종류가 있다. 바로 키가 아담하고, 노란색 꽃이 매력적인 '죽단화'라는 떨기나무이다.

학교나 아파트 단지에 단골손님처럼 한 모퉁이를 차지하면서 그저 평

범하고 쉽게 볼 수 있는 종류이지만, 아파트 건물동의 서쪽 벽에 줄지어 서 일제히 꽃을 피운 모습은 그 어느 풍경과도 비교할 수 없는 환상의 모습으로 다가왔다. 저녁 약속 장소로 가기 전에 지하 주차장에 차를 세우고 작은 통로를 거쳐 1층으로 올라오는 순간, 울타리 경계면 안쪽으로 피어 있는 꽃이 밝지도 어둡지도 않은 석양빛에 비친 모습이라니! 잠시 발길을 멈추고 휴대전화를 꺼내 사진을 찍을 수밖에 없는 분위기였다. 짧지만 행복한 시간이었다.

식물학적으로 죽단화는 여러 장의 꽃잎으로 이루어진 겹꽃이 특징이며, 홑꽃이 피는 황매화의 품종으로 취급하고 있다. 두 종류는 모두 관상용으로 심는 경우가 많은데 황매화보다는 죽단화가 더 많이 눈에 띈다. 언젠가 강원도 춘천시에 있는 청평사라는 절에 갔다가 그때 황매화를 처음 만났다. 그 절은 계곡을 따라 산골짜기를 올라가야 하는데 골짜기 주변으로 귀룽나무 꽃이 활짝 피었고 많은 제비꽃 종류가 보이던 시기였으니 5월 초순쯤으로 기억한다. 처음 대면한 순간이라 연신 여러 장의 사진을 찍었고 근처에 새로운 분포지가 있다는 것을 알게 되어 무척 반가웠다. 두 종류의 잎은 긴 타원형이나 타원 모양으로 가장자리에 겹톱니가 있으며, 뒷면으로 맥이 돌출해 위에서 보면 마치 선을 그어놓은 것 같다. 지름이 3~4센티미터로 큰 꽃은 긴 꽃자루에 달린다.

황매화의 학명은 *Kerria japonica*이고 죽단화는 '많다' 또는 '겹꽃으로 달린다'는 뜻의 *plentiflora*라는 품종소명을 가졌다. 황매화의 속명 *Kerria*는 영국의 식물학자 존 벨런덴 커(John Bellenden Ker, 1764~1842)의 이름에서 유래하였으며, 종소명 *japonica*는 일본에서 자란다는 뜻이다. 우리나라

1 2
3

1 황매화 **2** 황매화 잎 **3** 황매화 꽃

에서 볼 수 있는 황매화속 식물은 황매화와 죽단화뿐이며, 지방에서 황매화는 '수중화', '죽단화', '죽도화'라고 부르고, 죽단화는 '겹죽도화', '겹황매화', '죽도화'라 불러 두 종류가 같은 이름을 쓰기도 한다. 황매화라는 우리 이름은 매화를 닮은 노란색 꽃이 핀다 하여 붙인 이름이다.

꽃이 활짝 핀 황매화나 죽단화 앞에 서면 내가 가지고 있는 모든 기를 빼앗기는 듯한 느낌을 받는다. 색깔도 색깔이지만 사람과 비슷한 키에 주렁주렁 매달린 커다란 꽃 뭉치의 조화에서 그 누구든 압도된다는 말을 떠올리기에 충분하다. 근처에 흰말채나무가 보인다.

45

층층나무와 사촌격인 흰말채나무

꽃이 달리는 모양이나 가지가 나오는 모습에서 이름 붙인 층층나무는 계곡에 가면 절로 나서 자라는 것을 쉽게 볼 수 있다. 계곡이나 습지라는 것을 알 수 있게 해주는 이른바 지표식물이지만, 요즘은 학교 정원이나 아파트 단지의 화단에도 심어져 있을 정도여서 그리 낯설지 않은 종류다. 흰색 꽃송이가 활짝 피는 5월 중순에서 말쯤이면 몇십 미터 떨어진 곳에서 바라보더라도 층층나무의 흰색 향연을 볼 수 있다. 꿀을 따려고 모여든 벌의 수만 해도 나무 한 그루에 벌 한 통 정도는 될 만큼 꽃이 많이 달린다.

어느 날, 연구실에서 밖의 모습을 보려고 창문 앞에 섰다. 문득 건물과 건물 사이 정원에 흰색으로 뒤덮인 커다란 나무가 눈에 들어왔다. 바람에 흔들리는 잎의 모습이며 층층이 보이는 꽃의 모습이 층층나무가 틀림없었다. 해마다 그 꽃이 피는 모습을 보아왔지만 그때는 유독 더 흰색이 돋

보였다. 아니, 가장 꽃이 화려하게 피던 날 내 눈에 꽃이 들어온 것이 아닌가 생각했다. 한편으론, 그만큼 여유 없이 살고 있다는 자책감마저 들기도 했다. 얼른 카메라를 들고 나가 사진을 찍었던 기억이 있다.

이렇게 화려한 층층나무가 커다란 큰키나무로 자리매김하면서 화단 주변을 책임지는 버팀목 같은 역할을 할 때쯤, 사촌격인 흰말채나무는 울타리처럼 그 주변을 에워싼다. 때로는 이렇게 울타리처럼 길게 늘어서 있기도 하고, 어떤 때는 건물의 벽 아래를 아름답게 장식하는 조경수 역할을 톡톡히 하기도 한다. 사실 흰말채나무는 우리나라 평안남북도와 함경남북도의 산지 물가에서 자라는 종류인데, 꽃이 아름다워 원예수종으로 개량되어서 이제 어디서든 쉽게 볼 수 있게 되었다. 최근에는 지리산에서도 발견되었다는 보고가 있어 사회적으로 비상한 관심을 끈 적도 있다.

층층나무

층층나무 열매

흰말채나무 잎

흰말채나무 꽃

흰말채나무 열매

우리나라에서 볼 수 있는 층층나무속 식물은 7종류가 있으며, 흔하게 볼 수 있는 산수유와 산딸나무 등도 여기에 포함된다. 이 종류는 잎의 맥 수를 구별 형질로 자주 사용하는데, 풀산딸나무는 2~3쌍, 산딸나무와 말채나무는 4~5쌍, 산수유는 4~7쌍, 층층나무는 5~8쌍, 흰말채나무는 6쌍, 곰의말채나무는 6~10쌍 등이다.

흰말채나무 줄기는 녹색이지만 가을부터 붉은색을 띠어 쉽게 찾을 수 있다. 겨울에 그 위에 눈이라도 쌓이면 붉은색과 흰색의 조화가 잘 어우러져 또 다른 장관을 연출하기도 한다. 잎은 타원형이 많고 뒷면은 흰색이며 가장자리가 밋밋하여 매끈해 보인다. 5~6월에 꽃줄기의 가장 가운데 부분의 꽃이 먼저 피고 주변 꽃들이 차례로 피는 황백색 꽃은 취산꽃차례[聚繖花序]로 달리며, 꽃자루가 짧아 뭉쳐나는 것처럼 보인다. 열매는 핵과로 타원형이며 색깔은 흰색 또는 푸른빛이 도는 흰색이어서 붉은색이나 검은색으로 익는 다른 종류와는 차이가 있다.

흰말채나무

흰말채나무 줄기

흰말채나무의 학명은 *Cornus alba*다. 속명 *Cornus*는 '뿔'이라는 의미의 라틴어 cornu에서 유래하였으며, 종소명 *alba*는 '흰색'이라는 뜻으로 열매의 색깔을 표현한다. 흰말채나무는 '붉은말채' 또는 '아라사말채나무'라고도 부르며, 우리 이름은 흰색 열매가 달리는 말채나무라는 뜻이다. 참고로 말채나무의 열매는 둥글고 10월에 검은색으로 익는다.

흰말채나무를 보고 있으면 흰색 꽃이 매우 풍성하게 달려 있어 만져보고 싶은 충동을 느끼게 하며, 열매를 보면 구슬치기를 하고 싶다는 생각이 들기도 한다. 또 잘 말린 열매를 꿰어 목걸이를 만들어도 나름 잘 어울릴 것 같은 느낌이 든다. 집이나 아파트 근처에서 층층나무가 만형 같은 존재라면, 흰말채나무는 만형의 일을 도와주는 둘째라고나 할까, 나름 역할이 있는 훌륭한 나무다.

말채나무 꽃

말채나무 열매

곰의말채나무 잎과 열매

참고문헌

국립산림과학원. 2014. 나라꽃 무궁화 품종도감. 국립산림과학원, 서울.

국립수목원. 2012. 석회암 지대의 식물. 지오북, 서울.

국립수목원, 한국식물분류학회. 2007. 국가표준식물목록. 국립수목원, 포천.

김종원. 2013. 한국식물생태보감 1. 자연과 생태, 서울.

김진석, 김태영. 2012. 한국의 나무. 돌베개, 파주.

박수현. 2009. 세밀화와 사진으로 보는 한국의 귀화식물. 일조각, 서울.

산림청, 국립수목원. 2012. 한국의 가로수. 지오북, 서울.

안덕균. 2003. 원색 한국 본초도감. 교학사, 서울.

유기억, 홍정윤. 2012. 솟은땅 너른땅의 푸나무. 지성사, 서울.

이영노. 2006. 새로운 한국 식물도감. 교학사, 서울.

이우철. 1996. 한국 식물 명고. 아카데미서적, 서울.

이우철. 1996. 원색 한국 기준 식물도감. 아카데미서적, 서울.

이우철. 한국 식물명의 유래. 일조각, 서울.

이창복. 2003. 원색 대한 식물도감. 향문사, 서울.

Flora of Korea Editorial Committee. 2007. The genera of Vascular Plants of Korea. Academy Publish. Co., Seoul.

찾아보기

… ㅇ

… ㅈ

··· ㅎ